Wissenschaftliche Taschenbücher WTB

Chemie

Hans Dawczynski

Temperaturbeständige Faserstoffe aus organischen Polymeren

Akademie-Verlag · Berlin

WTB Wissenschaftliche Taschenbücher

WERNER HABERDITZL
Magnetochemie

A. A. SOKOLOW
Elementarteilchen

HEINZ AHRENS
Varianzanalyse

HANS-JÜRGEN TREDER
Relativität und Kosmos
Raum und Zeit in Physik, Astronomie und Kosmologie

ALBERT EINSTEIN
Grundzüge der Relativitätstheorie

ALBERT EINSTEIN
Über die spezielle und die allgemeine Relativitätstheorie

GÜNTHER LUDWIG
Wellenmechanik. Einführung und Originaltexte

HARRY PAUL
Lasertheorie, Teil I und II

FRANZ RUDOLF KESSLER
Einführung in die physikalischen Grundlagen der Kernenergiegewinnung

D. TER HAAR
Quantentheorie. Einführung und Originaltexte

J. H. SANDERS
Die Lichtgeschwindigkeit. Einführung und Originaltexte

JEAN KUNTZMANN
Unendliche Reihen
Mathematische Hilfsmittel der Physik und Chemie
Mit 94 Übungen und 29 Aufgaben

J. H. SANDERS
Die Lichtgeschwindigkeit. Einführung und Originaltexte

JEAN KUNTZMANN
Unendliche Reihen
Mathematische Hilfsmittel der Physik und Chemie
Mit 94 Übungen und 29 Aufgaben

JEAN KUNTZMANN
Systeme von Differentialgleichungen
Mathematische Hilfsmittel der Physik und Chemie
Mit 88 Übungen und 40 Aufgaben

JEAN KUNTZMANN
Komplexe Veränderliche
Mathematische Hilfsmittel der Physik und Chemie
Mit 90 Übungen und 37 Aufgaben

FERDINAND CAP
Einführung in die Plasmaphysik
I. Theoretische Grundlagen

FERDINAND CAP
Einführung in die Plasmaphysik
II. Wellen und Instabilität

FERDINAND CAP
Einführung in die Plasmaphysik
III. Magnetohydrodynamik

J. A. ROSANOW
Wahrscheinlichkeitstheorie

HARRY PFEIFER
Theorie linearer Bauelemente
Elektronik für den Physiker I

HARRY PFEIFER
Die Elektronenröhre
Elektronik für den Physiker II

HARRY PFEIFER
Schaltungen mit Elektronenröhren
Elektronik für den Physiker III

HARRY PFEIFER
Leitungen und Antennen
Elektronik für den Physiker IV

HARRY PFEIFER
Mikrowellenelektronik
Elektronik für den Physiker V

HARRY PFEIFER
Halbleiterelektronik
Elektronik für den Physiker VI

GERHARD HÜBNER / KLAUS JUNG / ECKART WINKLER
Die Rolle des Wassers in biologischen Systemen

STEPHEN G. BRUSH
Kinetische Theorie, Teil und II
Einführung und Originaltexte

EBERHARD HOFMANN
Eiweiße und Nucleinsäuren als biologische Makromoleküle
Dynamische Biochemie, Teil I

EBERHARD HOFMANN
Enzyme und energieliefernde Stoffwechselreaktionen
Dynamische Biochemie, Teil II

EBERHARD HOFMANN
Intermediärstoffwechsel
Dynamische Biochemie, Teil III

EBERHARD HOFMANN
Grundlagen der Molekularbiologie und Regulation des Zellstoffwechsels
Dynamische Biochemie, Teil IV

HERBERT GOERING
Elementare Methoden zur Lösung von Differentialgleichungsproblemen

PETER KRUMBIEGEL
Isotopieeffekte

D. M. BRINK
Kernkräfte. Einführung und Originaltexte

DIETER ONKEN
Steroide
Zur Chemie und Anwendung

HEINZ GEILER
Ökologie der Land- und Süßwassertiere

ARTHUR P. CRACKNELL
Angewandte Gruppentheorie. Einführung und Originaltexte

DIETER KLAUA
Elementare Axiome der Mengenlehre

GÜNTER TEMBROCK
Grundlagen der Tierpsychologie

J. F. VINSON
Optische Kohärenz
in der klassischen Theorie und in der Quantentheorie

W. R. HINDMARSH
Atomspektren. Einführung und Originaltexte

GÜNTER TEMBROCK
Biokommunikation
Informationsübertragung im biologischen Bereich, Teil I und II

ADOLF ZSCHUNKE
Kernmagnetische Resonanzspektroskopie
in der organischen Chemie

DIETER MERKEL
Riechstoffe

JOHN CUNNINGHAM
Vektoren

GEORG DAUTCOURT
Relativistische Astrophysik

ERNST SCHMUTZER
Symmetrien und Erhaltungssätze der Physik

GERHARD LERCH
Pflanzenökologie

MICHAEL GÖSSEL
Angewandte Automatentheorie, Band I
Grundbegriffe

MICHAEL GÖSSEL
Angewandte Automatentheorie, Band II
Lineare Automaten und Schieberegister

HEINRICH KINDLER
Der Regelkreis. Eine Einführung.

A. R. KESSEL
Akustische Kernresonanz

WOLFRAM BRAUER / HANS-WALDEMAR STREITWOLF
Theoretische Grundlagen der Halbleiterphysik

HARRY PAUL
Nichtlineare Optik, Teil I und II

HANS BANDEMER / ANDREAS BELLMANN
WOLFAHRT JUNG / KLAUS RICHTER
Optimale Versuchsplanung

DIETRICH BENDER / ERNST-EGON PIPPIG
Einheiten — Maßsysteme — SI

DIETER KLAUA
Grundbegriffe der axiomatischen Mengenlehre, Teil I und II

E. G. GOLSTEIN
Konvexe Optimierung. Die Elemente der Theorie

HELMUT FRIEMEL / JOSEF BROCK
Grundlagen der Immunologie

SIEGFRIED HAUPTMANN
Über den Ablauf organisch-chemischer Reaktionen

EBERHARD TEUSCHER
Pharmakognosie, Teil I und II

JOACHIM NITSCHMANN
Entwicklung bei Mensch und Tier
Embryologie

R. A. R. TRICKER
Frühe Elektrodynamik.

L. A. SKORNJAKOW
Elemente der Verbandstheorie

KONRAD KREHER
Festkörperphysik

N. D. SHEWANDROW
Polarisation des Lichtes

HANS-MARTIN BARCHET
Chemie photographischer Prozesse

DIETER KLAUA
Kardinal- und Ordinalzahlen. Teil I und II

A. S. SONIN / B. A. STRUKOW
Ferroelektrizität

A. A. SMIRNOW
Metallphysik

VOLKER KEMPE
Theorie stochastischer Systeme

ROLF BORSDORF / MANFRED SCHOLZ
Spektroskopische Methoden in der organischen Chemie

KLAUS ODENING
Parasitismus. Grundfragen und Grundbegriffe

HANS DAWCZYNSKI
Temperaturbeständige Faserstoffe aus organischen Polymeren

Vorschau auf die nächsten Bände:

HANS DAWCZYNSKI
Temperaturbeständige Faserstoffe aus anorganischen Polymeren

WOLFGANG PAULI
Vierpoltheorie

R. A. R. TRICKER
Die Beiträge von Faraday und Maxwell zur Elektrodynamik

WTB

BAND 115

Hans Dawczynski

Temperaturbeständige Faserstoffe aus organischen Polymeren

Mit 12 Abbildungen und 44 Tabellen

AKADEMIE-VERLAG · BERLIN

Reihe CHEMIE

Herausgegeben im Auftrage
der Akademie der Wissenschaften der DDR

von:
Prof. Dr. H. Klare, Berlin
Prof. Dr.-Ing. Dr. h. c. E. Leibnitz, Berlin
Prof. Dr.-Ing. habil., Dr. rer. nat. h. c. K. Schwabe, Meinsberg
Prof. Dr. Dr. h. c. E. Thilo, Berlin

Verantwortlicher Herausgeber dieses Bandes:
Prof. Dr. H. Klare

Verfasser:
Dr. H. Dawczynski,
VEB Chemiefaser-Kombinat „Wilhelm Pieck", Schwarza
Rudolstadt

1974

Lizenznummer: 202 · 100/480/74
Herstellung: VEB Druckhaus „Maxim Gorki", 74 Altenburg
Bestellnummer: 761 664 6 (7115) · LSV 1274
Printed in GDR
EVP 8,–

Vorwort

Die Entwicklung von temperaturbeständigen Faserstoffen aus organischen Polymeren und ihre Anwendung in der Technik wird immer bedeutsamer. Sowohl im technischen als auch im textilen Bereich bestehen Einsatzforderungen. Das Taschenbuch soll einen kurzen Überblick des erreichten Bearbeitungsstandes zur Problematik temperaturbeständiger Faserstoffe vermitteln. Es wird aufgezeigt, wie unbefriedigend derzeit noch die erreichten Ergebnisse sind und in welcher Breite es notwendig sein wird, entsprechende Forschungsarbeiten zu konzipieren.

Für die Anregung zu dieser Arbeit und wertvolle Hinweise danke ich dem Präsidenten der Akademie der Wissenschaften der DDR, Herrn Prof. Dr. H. KLARE, der als Mitherausgeber der WTB die Fertigstellung des Buches in jeder Weise förderte.

Herzlich gedankt sei meinem Vater, Herrn Dr. O. DAWCZYNSKI, für wertvolle und kritische Bemerkungen bei der Abfassung des Manuskriptes und für die tatkräftige und zuverlässige Hilfe beim Lesen der Korrekturen.

Nicht zuletzt sei dem Akademie-Verlag für die sorgfältige Drucklegung bestens gedankt.

H. Dawczynski

Inhalt

1. Einleitung

Der wissenschaftlich-technische Fortschritt erfordert in ständig steigendem Ausmaß Ausrüstungen und Apparaturen, die auch sehr hohen Geschwindigkeiten standhalten, geringe Eigenmasse aufweisen und thermisch beständig sind. Es müssen deshalb Stoffe hergestellt werden, die sich gegenüber den bisherigen konventionellen Materialien vor allem durch bessere thermische Eigenschaften auszeichnen. Immer wichtiger wird insbesondere die Gewinnung organischer und anorganischer Faserstoffe, die besonders leichtgewichtig und hochtemperaturbeständig sind.

Schon jetzt werden temperaturbeständige Faserstoffe und Textilien in der Industrie vielfältig verwendet, z. B. bei der Filtration heißer Gase, beim Einsatz von Schutzanzügen in Gefahrensituationen in Stahlwerken und anderen Betrieben, bei Schweißarbeiten, beim Retten von Piloten aus in Brand geratenen Düsenflugzeugen, beim Abbremsen von Düsenmaschinen und Raumflugkörpern, im Flugzeug- und Schiffsbau, bei der Herstellung von Treibriemen, um mittels des geringen Kriechvermögens temperaturbeständiger Fasern eine Längung der Riemen zu verhindern, usw. Papier aus hitzebeständigen Fasern wird für elektrische Isolationsmaterialien, heizbare Tapeten und als Verstärkungsmittel genutzt.

In der DDR und anderen sozialistischen Ländern werden in steigendem Umfang nichtbrennbare textile Gewebe, vor allem im Interesse des Arbeitsschutzes, der Betriebssicherheit und der Qualitätsverbesserung mancher Erzeugnisse verwendet.

In den USA und Großbritannien sind Gesetze in Vorbereitung bzw. schon in der Durchführung, die die Verwendung temperaturbeständiger Gewebe vorschreiben. Das wird wahrscheinlich eine bedeutende Ausweitung von Forschung und Entwicklung derartiger Gewebe zur Folge haben.

Obwohl teilweise bereits anorganische Fasern, wie z. B. Glas-, Kohlenstoff-, Keramik- und Metallfäden zur Verfügung stehen, die sehr gute thermische Eigenschaften aufweisen, ist auch die Entwicklung temperaturbeständiger Fasern aus organischen Polymeren notwendig. Denn letztere besitzen eine geringere Dichte, größere Dehnbarkeit und höhere Scheuerfestigkeit; sie können auch leichter, in einem breiteren Feinheitsbereich hergestellt werden als die anorganischen Faserstoffe. Im Gegensatz zu Metall- und Kohlenstoffasern sind organische Faserstoffe Nichtleiter für Elektrizität. Dazu kommt ferner, daß einige Metall- und Glasfaserstoffe verschiedenen korrosiven Einflüssen nicht so gut widerstehen wie die organischen Fasern. Temperaturbeständige organische Fasern können auch im Bekleidungssektor im allgemeinen ohne große Verarbeitungsschwierigkeiten eingesetzt werden.

So vielfältig die Verwendungsmöglichkeiten der temperaturbeständigen Faserstoffe sind, so mannigfaltig sind auch die Herstellungsmethoden und -verfahren, dabei ist die Verleihung thermisch beständiger Eigenschaften in allen Verarbeitungsstufen vom Faserrohstoff bis zum textilen Fertigungszeugnis möglich.

In Tab. 1 wird eine Systematisierung der temperaturbeständigen Faserstoffe versucht. Sie lassen sich nach ihrer Stofflichkeit und Qualität in zwei Hauptgruppen gliedern, in flammfestausgerüstete und sonstige temperaturbeständige Faserstoffe aus organischen und anorganischen Polymeren.

Tabelle 1

Übersicht über die wichtigsten temperaturbeständigen Faserstoffe [8]

- temperaturbeständige Faserstoffe
  - Faserstoffe aus temperaturbeständigen organischen bzw. anorganischen Polymeren
    - temperaturbeständige anorganische Faserstoffe
    - temperaturbeständige organische Faserstoffe
  - flammfestausgerüstete Faserstoffe bzw. Textilien

- Whiskers
- Silikat
- Metall
- Bornitrid
- Bor
- Keramik
- Graphit/Kohle
- Asbest
- Glas
- Phenol
- Polybenzoxazol
- Polypyrrone
- Polythiadiazole aromatische
- Polyoxadiazole aromatische
- Polyphenylentriazole
- Polybenzimidazole
- aromatische Polyester
- aromatische Polyamide
- aromatische Polyimide
- (Polytetrafluoräthylen) PTFE
- modifizierte PVY
- PVC (Polyvinylchlorid)
- Faserstoffe mit einpolymerisiertem Flammschutzmittel

1.1. Einige Grundfragen

Bei den allgemein bekannten Natur- und Chemiefaserstoffen treten Veränderungen ihrer Eigenschaften ein, sobald sie Temperaturen von 100—150 °C ausgesetzt werden. Industrie und wissenschaftliche Forschung benötigen jedoch vielfach Faserstoffe, die ihre mechanischen Eigenschaften auch bei Temperaturen von —250 °C bis +500 °C und darüber hinaus beibehalten. Bei speziellen Faserstofftypen liegt die obere Grenze der Temperaturverträglichkeit bei 3000 °C und darüber. Im allgemeinem Sprachgebrauch werden die Faserstoffe etwas willkürlich in thermisch-beständige (einsetzbar bei Temperaturen von 500—800 °C) und hochtemperaturbeständige (anwendbar bei Temperaturen oberhalb 1000 °C) eingeteilt.

Spezifische Besonderheiten der thermisch-beständigen Faserstoffe sind Formbeständigkeit, Wärmebeständigkeit und Thermostabilität.

Unter Wärmebeständigkeit ist die Eigenschaft zu verstehen, daß Änderungen der Festigkeit und Dehnung von Faserstoffen, die bei einer Erhöhung der Temperatur auftreten, bei einer Zurückführung auf die Ausgangstemperatur verschwinden. Hierbei können physikalisch-chemische Strukturveränderungen bestehen bleiben. Ist dies nur in geringem Maß der Fall, so spricht man von chemischer Wärmebeständigkeit. Die Natur dieser Erscheinungen ist noch wenig untersucht.

Hohe Wärmebeständigkeit darf man nicht einfach mit hohem Erweichungspunkt bzw. Glasumwandlungstemperatur, bzw. Schmelzpunkt gleichsetzen. Es gibt Polymere mit relativ hohem Erweichungspunkt, z. B. Poly-α-methylstyrol, Polyvinylalkohol oder vernetzte Stoffe, wie die Harnstoff- und Melamin-Formaldehyd-Harze, die bereits bei Temperaturen zwischen 100 und 200 °C abgebaut werden und trotz ihrer hohen Erweichungstemperaturen wenig wärmebeständig sind. Es sind aber auch Polymere bekannt, deren Erweichungstemperatur (Einfriertemperatur) weit unter 0 °C liegt, die also schon bei tiefen Temperaturen ihre Formbeständigkeit verlieren, ohne daß man deshalb von schlechter Wärmebeständigkeit sprechen kann. Man muß also zwischen Formbeständigkeit und chemischer Beständigkeit unterscheiden. Die Formbeständigkeit ist das Bestreben eines festen Körpers, unter dem Einfluß von deformierenden Kräften seine Form beizubehalten bzw. nach Aufhebung der deformierenden Kraft seine ursprüngliche Form durch elastische Rückfederung wieder herzustellen. Die Formbeständigkeit wird durch den Elastizitätsmodul quantitativ beschrieben: Je höher der E-Modul, desto größer der Widerstand gegen Deformation und desto besser die Formbeständigkeit.

Die Schmelz- bzw. Erweichungstemperaturen von Polymeren sind ein Maß für ihre Formbeständigkeit oder anders formuliert, ein Maß für die Temperatur, bei der — infolge des Übergangs vom glasartigen in den kautschukelastisch-plastischen Zustand — die Formbeständigkeit weitgehend verloren geht.

Unter gewissen Vorbehalten läßt sich sagen, daß die Formbeständigkeit polymerer Körper bei kristallinen Faserstoffen durch die Schmelztemperatur bzw. Erweichungstemperatur und bei amorphen Faserstoffen durch die Glasumwandlungstemperatur charakterisiert wird. Thermodynamisch wird das durch den Quotienten aus Enthalpie ΔH und Entropie ΔS des Phasenübergangs bestimmt:

$$T = \frac{\Delta H}{\Delta S}$$

Danach bewirken alle Faktoren, die zu einer Erhöhung der Enthalpie und zu einer Senkung der Entropie führen, eine Erhöhung der Wärmebeständigkeit. Die Enthalpie kann durch zahlreiche starke zwischenmolekulare Bindungen erhöht werden, und zwar unabhängig von deren Natur (Wasserstoffbrücken, Ionen-, Chelat-, Dispersionsbindungen u. a.). Zur Senkung der Entropie werden Polymermoleküle mit möglichst wenig Konformationsvarianten benötigt, d. h. möglichst starre Systeme. Eingehende Untersuchungen dieser Beziehungen lassen die für die Erhöhung der Wärmebeständigkeit notwendigen Voraussetzungen erkennen:

— Die Makromoleküle müssen eine hohe molekulare Kohäsion aufweisen.

— Es werden Ketten benötigt, die aus aromatischen oder heterocyclischen Gliedern aufgebaut sind.

— Die Systeme müssen gut kristallisierbar sein.

— Die Makromoleküle müssen möglichst große Substituenten enthalten, die die freie Drehung um die Hauptbindung der Kette erschweren, ihre dichte Packung jedoch nicht hindern.

Die Aussage, ein Faserstoff habe eine chemische Wärmebeständigkeit von 150—200 °C, genügt nicht; es bedarf vielmehr einer Angabe, wie lange er einer Temperatur von 150—200 °C ohne feststellbare Schäden ausgesetzt werden kann. Soll die Aussage über die Wärmebeständigkeit vollständig sein, muß außerdem noch angegeben werden, bezüglich welcher Eigenschaften (mechanische Festigkeit, Dielektrizitätskonstante, Farbe und dgl.) ein Faserstoff wärmebeständig ist und unter welchen Bedingungen der Wärmeeinwirkung, z. B. im Vakuum, unter Inertgas (Stickstoff), an der Luft, unter Sonnenbestrahlung oder unter anderer Lichteinwirkung, bei Anwesenheit von Wasserdampf, Kohlendioxid usw.

Besonders Sauerstoff und Licht sind Faktoren, durch die die Wärmebeständigkeit von Faserstoffen häufig stark beeinflußt wird.

Die thermische Beständigkeit von Faserstoffen wird durch das Ausmaß der Festigkeitserhaltung nach bestimmter längerer Einwirkung einer gegebenen Temperatur charakterisiert. Sie hängt hauptsächlich von dem chemischen Bau der Makromoleküle ab. Die thermische

Beständigkeit von Polymeren bzw. Faserstoffen kann sich sowohl infolge chemischer (thermooxydativer und anderer) Umwandlung der Makromoleküle als auch infolge thermischen Abbaus der Hauptkette ändern [1, 3, 4, 5, 50, 53]. Näherungsweise können zur Charakterisierung des letzteren die Aktivierungsenergien für den thermischen Abbau im Vakuum herangezogen werden (vgl. hierzu Tab. 2).

Tabelle 2

Aktivierungsenergie der thermischen Zersetzung E_A für einige Polymere im Vakuum (10^{-3} bis 10^{-4} mm Hg)

Polymer	Schmelz- bzw. Erweichungs-temperatur [°C]	E_A [kcal/mol]	Temperatur des intensiven Zersetzungs-beginns [°C]	Literatur
I	380···400	73	–	[1]
II	215	24···43	360···390	[47]
III	430	33,8	360	[47]
IV	–	31,4	410	[47]
V	–	42,4	430	[47]
VI	–	53,2	480	[47]
VII	800	74	600	[2]
VIII	500	48···51	425	[3]

Die Strukturformeln der Grundbausteine der in Tab. 2 bezeichneten Polymeren sind auf S. 14 angeführt.

Aus Tab. 2 ist zu entnehmen, daß zwischen der Aktivierungsenergie und der Temperatur des intensiven Zersetzungsbeginns eine bestimmte, jedoch nicht immer direkte Beziehung besteht. Dies läßt sich wie folgt erklären:

Beim Erhitzen der Polymeren können neben der Sprengung der chemischen Bindung auch chemische Umwandlungen der Seitengruppen, Oxydationsprozesse, räumliche Vernetzung usw. stattfinden [53].

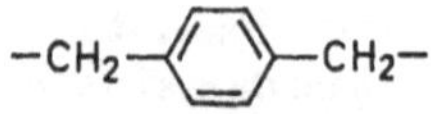

Poly-p-xylylen

I

$-NH(CH_2)_5CO-$

Poly-ε-caproamid

II

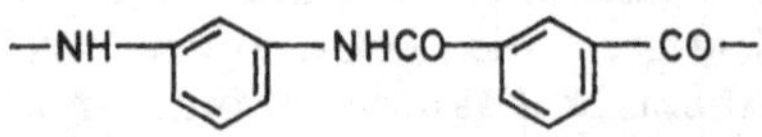

Poly-m-phenylenisophthalamid

III

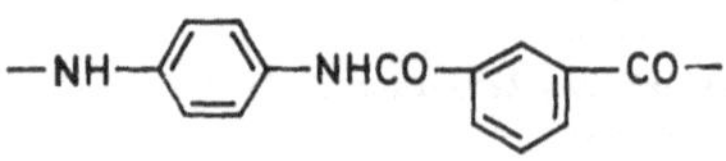

Poly-p-phenylenisophthalamid

IV

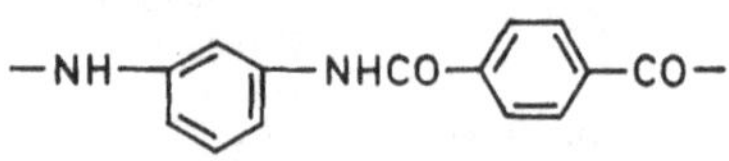

Poly-m-phenylenterephthalamid

V

Poly-p-phenylenterephthalamid

VI

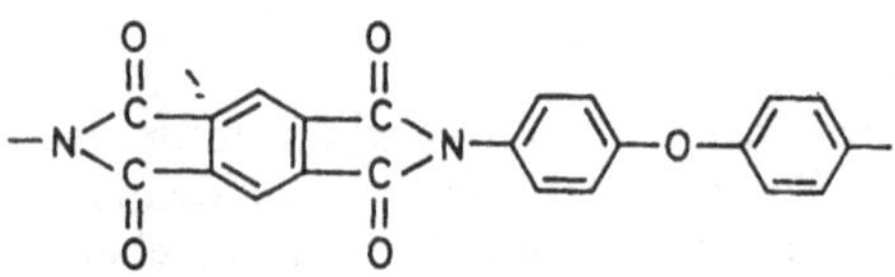

Polypyromellithimid

VII

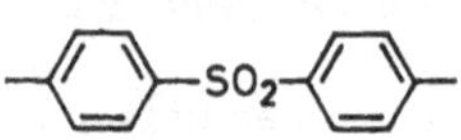

Poly(p-phenylensulfon)

VIII

Für Faserstoffe sind die Gesetzmäßigkeiten noch komplizierter, da hier noch der Einfluß der physikalischen Struktur des Faserstoffes hinzukommt. Dieser Frage wird in der Literatur bisher wenig Beachtung geschenkt [48].

1.2. Kettenstruktur und Wärmebeständigkeit

Für die Synthese neuer wärmebeständiger Faserstoffe ist die Kenntnis der Beziehungen zwischen Konstitution und Wärmebeständigkeit von Bedeutung.

Kettenstruktur und Formbeständigkeit

Was zunächst die Formbeständigkeit betrifft, so ist sie leicht durch die Glasumwandlungstemperatur oder die Schmelztemperatur eines Polymeren zu beschreiben. Der Schmelzpunkt und die Glasumwandlungstemperatur $T_{s,g}$ aber sind thermodynamisch durch das Verhältnis von Umwandlungsenthalpie ΔH und -entropie ΔS bestimmt:

$$T_{s,g} = \frac{\Delta H}{\Delta S}$$

Bei glasartigen Polymeren ist die Enthalpiedifferenz ΔH zwischen Glas- und Kautschukzustand vergleichsweise gering, so daß die Glasumwandlungstemperatur nur dann hoch liegen kann, wenn die Entropiedifferenz zwischen beiden Zuständen klein ist. Die Entropiedifferenz ist aber um so kleiner, je geringer die Kettenbeweglichkeit ist. Daher werden alle Strukturmerkmale, die geeignet sind, die Bewegung der Ketten zu behindern, die Glasumwandlungstemperatur und damit die Formbeständigkeit in der Wärme erhöhen. Solche Strukturmerkmale sind:

1. Steife, voluminöse Seitengruppen, durch die die freie Drehbarkeit um die C—C-Bindung der Struktureinheiten oder auch die gegenseitige Bewegung von Kettensegmenten behindert wird.

2. Gruppen mit hoher Molkohäsion in oder an der Kette, insbesondere also polare Gruppen, durch die zwischenmolekulare Bindungen zwischen den Kettensegmenten begünstigt werden.

3. Hauptvalenzvernetzungen, die schließlich, wenn der Vernetzungsgrad immer höher wird, dazu führen, daß ein Faserstoff sich bei hohen Temperaturen zersetzt ohne vorher zu erweichen.

4. Ringe in der Kette

(Die Wirkung der einzelnen Merkmale läßt sich nicht immer exakt auseinanderhalten: Ringe in der Kette führen häufig auch zu einer Verstärkung der zwischenmolekularen Anziehung, und Seitengruppen mit hoher Molkohäsion können auch sperrige Gruppen sein, die allein durch ihre Raumbeanspruchung bei der Kettenbewegung hinderlich sind.)

Tab. 3 gibt einige Beispiele für den Einfluß der angeführten Strukturmerkmale auf die Glasumwandlungstemperatur von Polymeren.

Eine andere Möglichkeit, die Erweichungs- bzw. Schmelztemperatur von Polymeren heraufzusetzen, besteht darin, daß man die Kettenstruktur so regelmäßig — auch sterisch regelmäßig — gestaltet, daß eine Kristallisation möglich wird. In diesem Fall tritt eine Schmelzwärme (-enthalpie) ΔH auf, die erheblich größer ist als die beim Übergang vom glasartigen in den kautschukelastischen Zustand auftretende Wärme. Daraus folgt, daß der Schmelzpunkt kristallisierbarer Polymerer gemäß $T = \Delta H/\Delta S$ bedeutend höher liegt als die Glasumwandlungstemperatur von Polymeren mit vergleichbarer, aber unregelmäßiger Kettenstruktur, die nicht zur Kristallisation befähigt sind. Regelmäßig gebaute Polymerketten können außerdem auch noch Strukturmerkmale aufweisen, die die Kettenbeweglichkeit in der Schmelze behindern; in solchen Fällen bewirkt das größere ΔH im Zusammentreffen mit einem kleinen ΔS besonders hohe Schmelzpunkte, so z. B. bei den Polyamiden.

Tab. 4 zeigt die Kettenstruktur einiger kristalliner Polymerer mit ihren Schmelzpunkten. Man erkennt, daß

Tabelle 3

Einfluß der Kettenstruktur auf die Kettenbeweglichkeit und die Erweichungstemperatur

	Strukturformel		Erweichungs-temper.-Bereich [°C]	Strukturmerkmal
I	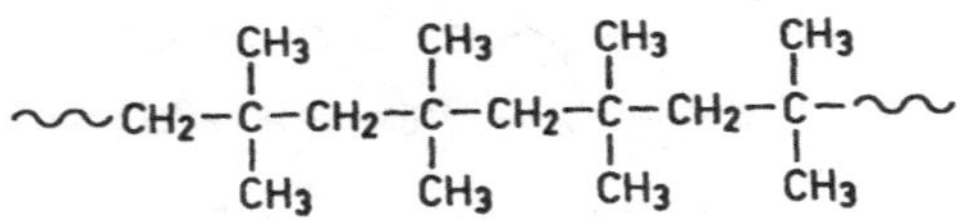	Polyisobutylen	−70	eine sperrige o. polare Gruppen; Kettenbeweglichkeit
II	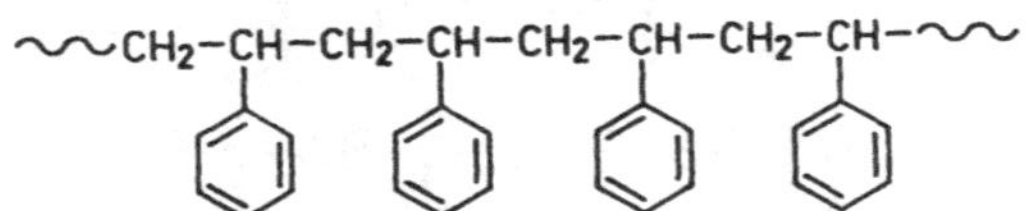	Polystyrol	100	sperrige Seitengruppen
III	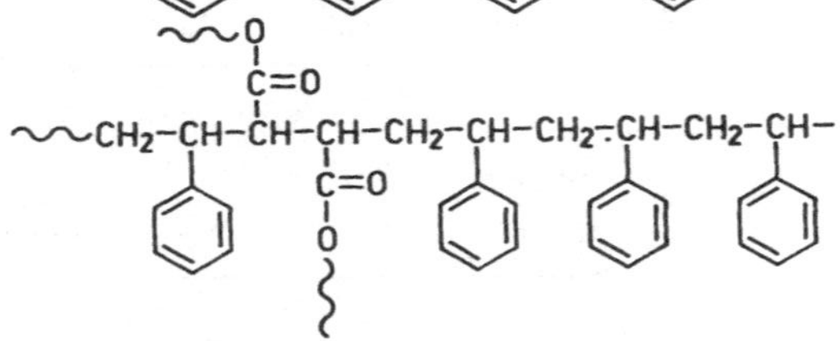	Polyestergießharz	130	sperrige Seitengruppen; Vernetzung

Tabelle 3 (Forts.)

	Strukturformel		Erweichungstemper.-Bereich [°C]	Strukturmerkmal
IV	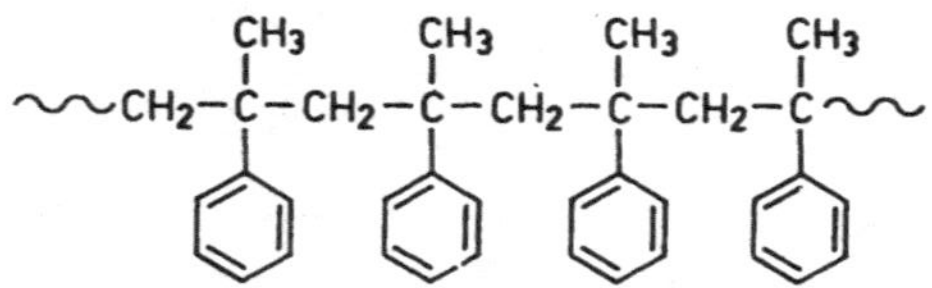	Poly-α-methylstyrol	170	sperrige Seitengruppen
V	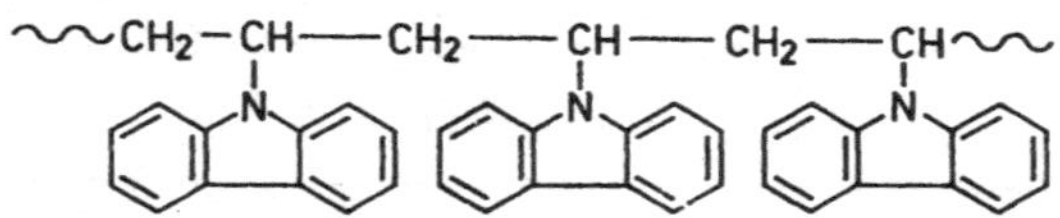	Polyvinylcarbazol	190	sperrige Seitengruppen
VI	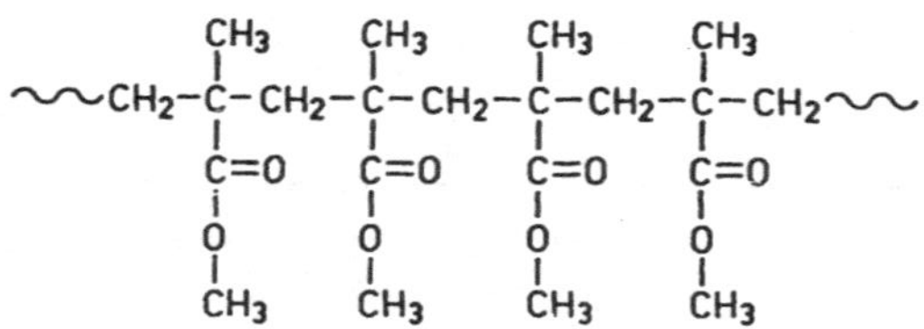	Polymethakrylsäuremethylester	100	polare Gruppen

Tabelle 3 (Forts.)

	Strukturformel		Erweichungstemper.-Bereich [°C]	Strukturmerkmal
VII	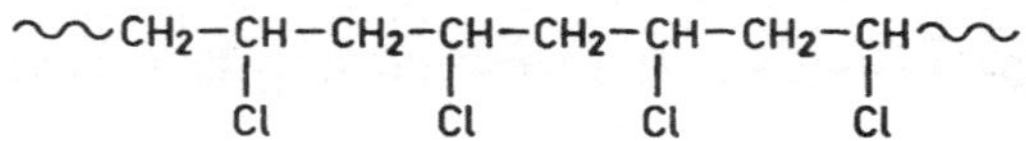	Polyvinylchlorid	70 – 80	polare Bindungen
VIII	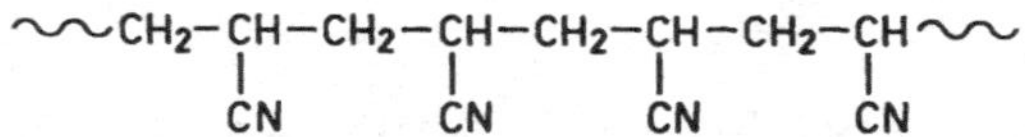	Polyakrylnitril	105	polare Gruppen
IX	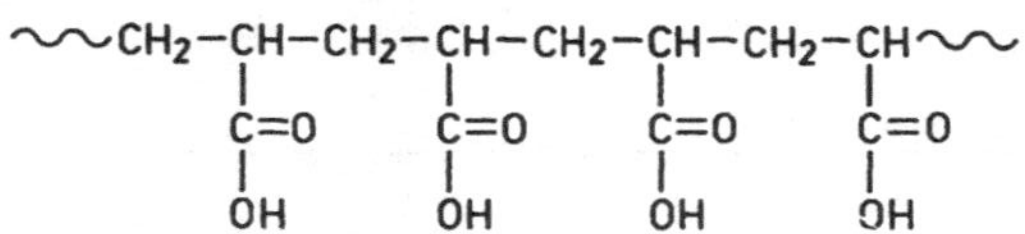	Polyakrylsäure	un-schmelzbar	polare Gruppen
X	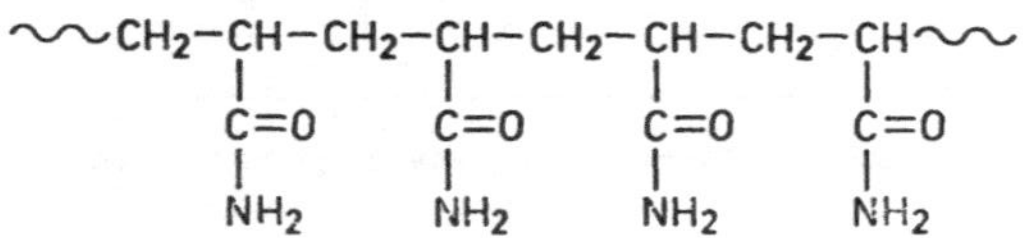	Polyakrylsäureamid	un-schmelzbar	polare Gruppen

Tabelle 4

Kettenstruktur und Schmelzpunkte einiger kristalliner Polymerer

Strukturformel		Schmelzpunkt [°C]	Strukturmerkmale
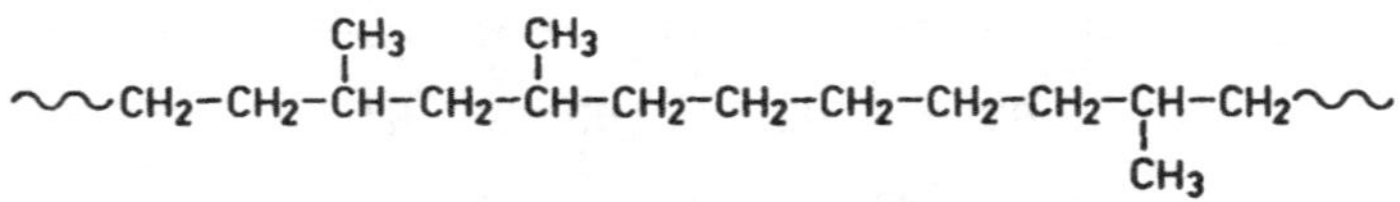	Äthylen-Propylen-Mischpolymerisat	−50	nicht kristallin
$\sim CH_2-CH_2-CH_2-CH_2-CH_2-CH_2-CH_2-CH_2-CH_2-CH_2-CH_2 \sim$	Polyäthylen	129	kristallin
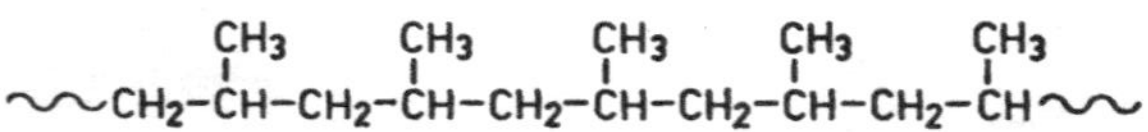	isotakt. Polypropylen	175	kristallin
$\sim CH_2-O-CH_2-O-CH_2-O-CH_2-O-CH_2-O-CH_2-O-CH_2-O \sim$	Polyformaldehyd	175	kristallin

Tabelle 4 (Forts.)

Strukturformel		Schmelzpunkt [°C]	Strukturmerkmale
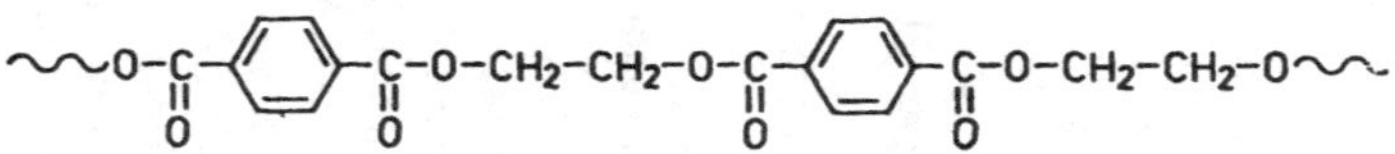	Polyterephthalsäure-Glykolester	260	kristallin, Ringe in der Kette
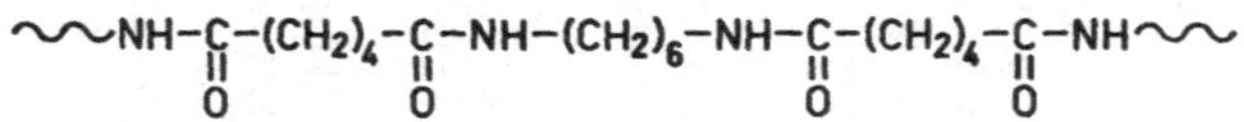	Nylon 66	260	kristallin, polare Gruppen
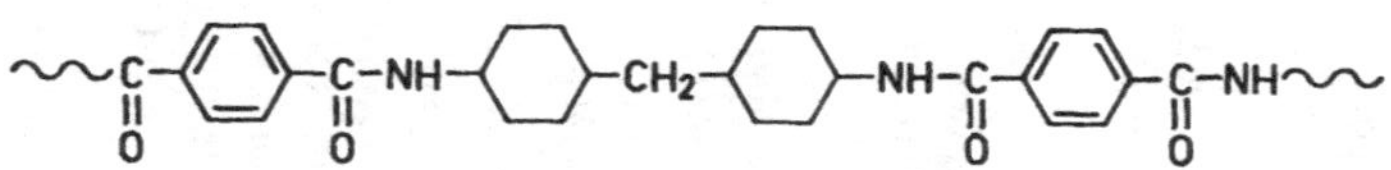	Polyamid aus Terephthalsäure 4.4'-Diaminodicyclohexylmethan	> 350	kristallin, Ringe, polare Gruppen

Polymere, wie Polyäthylen oder Polyformaldehyd, trotz unbehinderter Kettenbeweglichkeit relativ hohe Erweichungstemperaturen besitzen. Das ist ausschließlich eine Folge der regelmäßigen Anordnung der Struktureinheiten in der Kette und der damit verbundenen Kristallisierbarkeit.

Kettenstruktur und chemische Wärmebeständigkeit

Für die chemische Beständigkeit in der Wärme läßt sich ein so einfaches und einheitliches Strukturmerkmal wie es für die Formbeständigkeit in der Kettenbeweglichkeit oder der sterischen Regelmäßigkeit vorhanden ist, nicht angeben. Allgemein wird man zwar erwarten können, daß immer dann thermisch stabile Polymere resultieren, wenn im chemischen Sinne wärmebeständige Monomere mit Hilfe wärmebeständiger Bindungen verknüpft werden.

Tab. 5 zeigt die Strukturformeln bisher bekannter Polymerer mit besonders hoher chemischer Wärmebeständigkeit. Es sind drei verschiedene Typen von Polymeren mit hoher chemischer Wärmebeständigkeit bekannt:

1. Fluor enthaltende Polymere
2. Polymere mit Si—O-Ketten und
3. Polymere mit aromatischen und heterocyclischen Ringen in der Kette.

Während Polymere vom ersten und zweiten Typ schon längere Zeit bekannt sind und technische Bedeutung erlangt haben (z. B. Teflon), wurden Synthesen und Eigenschaften von Polymeren, deren Molekülketten ausschließlich aus aromatischen und heterocyclischen Ringen bestehen, erst in neuerer Zeit in verschiedenen Forschungslaboratorien eingehend untersucht.

Bisher ließen sich lediglich gewisse Orientierungen gewinnen, welche Strukturen fadenbildender Polymere für

Tabelle 5

Strukturformeln von Polymeren mit hohere Wärmebeständigkeit

	Strukturformel		Handelsname
I	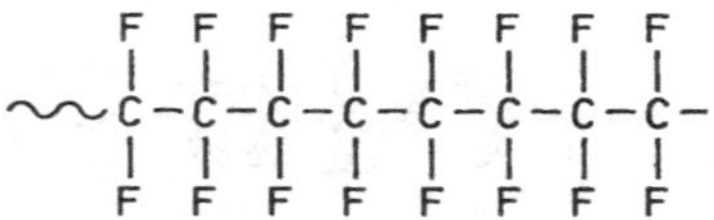	Polytetrafluoräthylen	Teflon Fluon Halon TFE
II	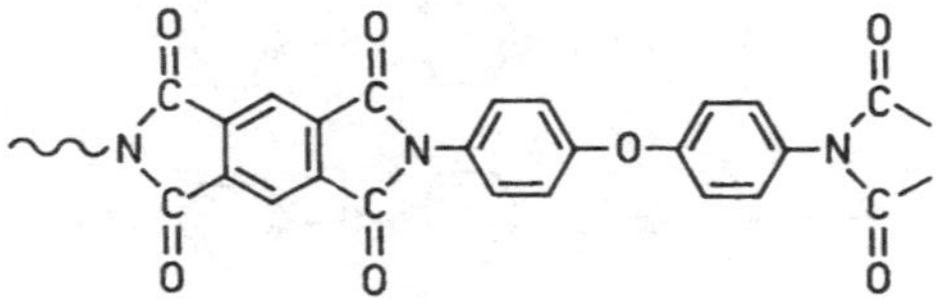	Polyimid aus Pyromellithsäureanhydrid und 4.4-Diaminodiphenyläther	H-Film Pyre ML. (Lack)
III	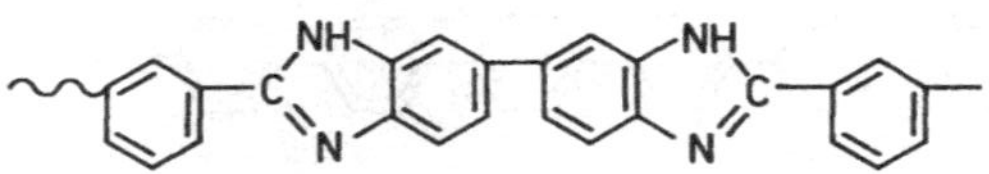	Polybenzimidazol aus Isophthalsäure und 3.3′-Diaminobenzidin	Imidite
IV	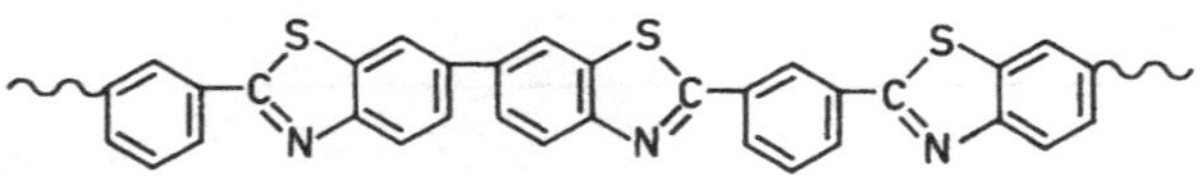	Polybenzothiazol aus Isophthalsäure und 3.3-Dimercaptobenzidin	

Tabelle 5 (Forts.)

	Strukturformel		Handelsname
V	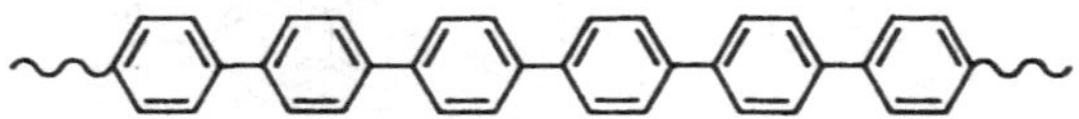	Polyphenylen	
VI	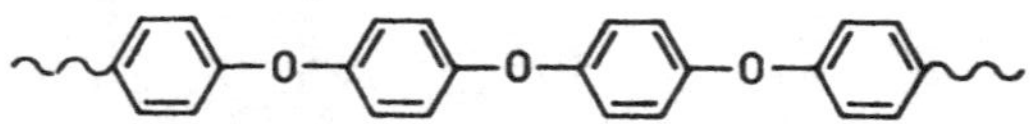	Polyphenyläther	
VII	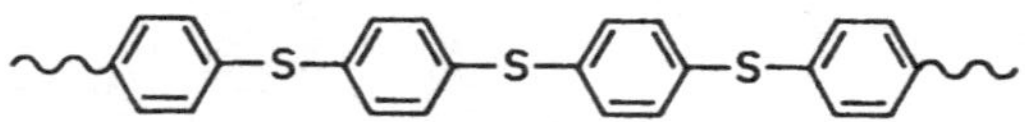	Polyphenylensulfid	
VIII	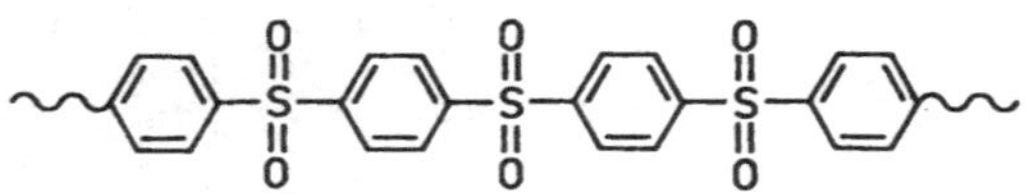	Polyphenylsulfon	
IX	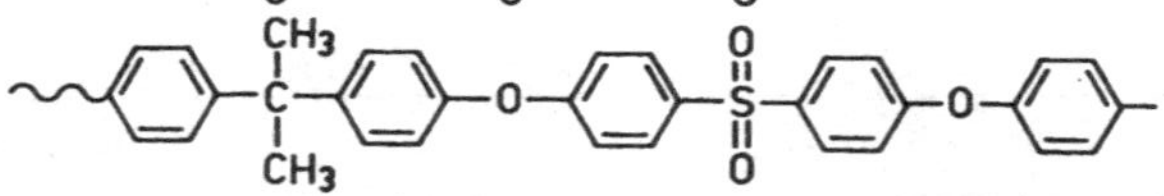	Polysulfon aus Bis-phenol-A und 4.4-Dichlordiphenylsulfon	Polysulfon
X		Cyclisiertes 1.2-Polybutadien	Plutonfaser

eine thermische Beständigkeit günstig sind, wie z. B. die aromatischen Polyamide, aromatischen heterocyclischen Polymere mit Leiterstruktur sowie einige fluorierte Polymere.

Aus Tab. 6 ist zu ersehen, daß die Temperatur für den Beginn der Zersetzung bei einigen Polymeren, z. B. dem Polyamid (I), dem Polyoxazol (X) und dem Polyamidoxazinon (XI) weit über 400 °C liegt, während die Faserstoffe bereits bei 300 °C einen beträchtlichen Teil ihrer Festigkeit einbüßen. Thermisch am stabilsten sind die Polyamidbenzoxazinon- (XI), Polysulfodiazol- (VII), Oxadiazol- (VIII) sowie die Polyamid-Faserstoffe mit Benzophenongruppe. Die Faserstoffe mit Polyoxazolstruktur nehmen nur den achten Platz, das Polyamid in p-Stellung dagegen den dritten Platz ein.

Die Ursachen für die schlechte Korrelation zwischen der thermischen Stabilität von Polymer und Faserstoff können mannigfaltig sein, im wesentlichen sind es aber die folgenden:

Die Zersetzungstemperaturen der Polymeren werden durch thermogravimetrische Daten ausgedrückt; es wird der Gewichtsverlust einer Probe bei kontinuierlichem Temperaturanstieg festgestellt. Schon gegen diese Methode lassen sich verschiedene Einwände vorbringen. Bedeutsam aber ist vor allem, daß sich die mechanischen Eigenschaften der Faserstoffe wesentlich früher verschlechtern, als die Bildung der gasförmigen Abbauprodukte einsetzt. Der thermooxydative Abbau kann also auch ohne die Bildung gasförmiger Produkte beginnen.

Die thermische Stabilität eines Faserstoffes wird wesentlich durch dessen physikalischen Zustand beeinflußt: den Orientierungsgrad, die Kristallinität, Makro- und Mikrodefekte usw. Es sind beispielsweise Fälle bekannt, daß Faserstoffe mit einer geringeren Festigkeit eine größere thermische Beständigkeit besaßen als hochfeste Faserstoffe.

Deshalb hat man in letzter Zeit zur Verbesserung der

Tabelle 6
Thermische Beständigkeit der Polymeren und Faserstoffe

Probe	Grundbaustein	Zersetzungstemperatur des Polymeren*) [°C]	Faserstoffe bei 300 °C Restfestigkeit**) [%]	Zeit f. Abnahme d. Festigkeit auf d. Hälfte [Std]
I	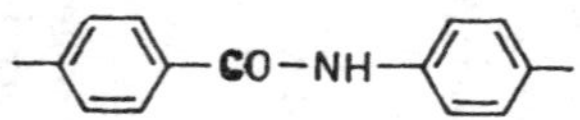	500	90	–
II	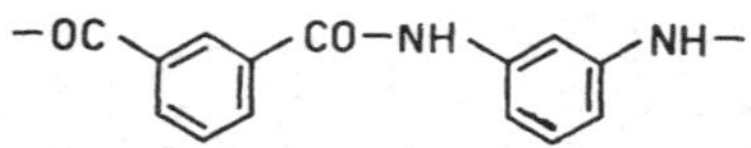	330 – 390	54	150
III	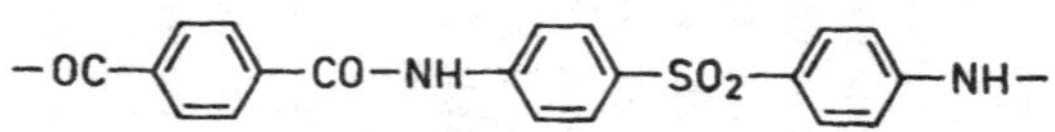	390 – 400	75	400
IV	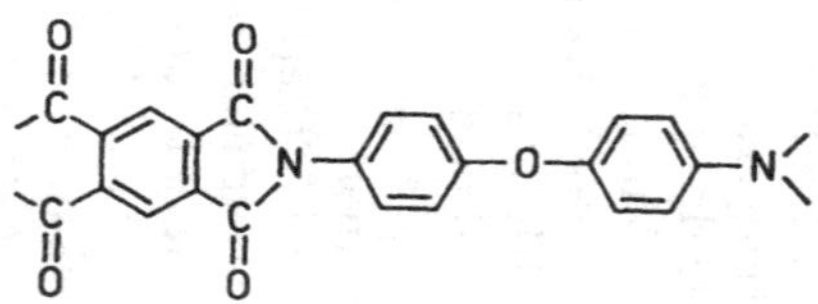	400	56	350

Tabelle 6 (Forts.)

Probe	Grundbaustein	Zersetzungs-temperatur des Polymeren*) [°C]	Faserstoffe bei 300 °C Restfestig-keit**) [%]	Zeit f. Ab-nahme d. Festigkeit auf d. Hälfte [Std]
V	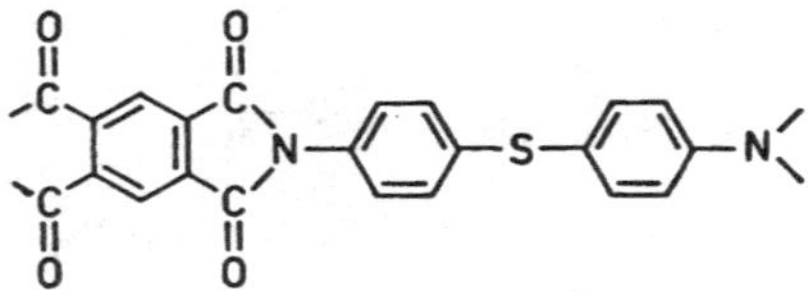	400	60–70	–
VI	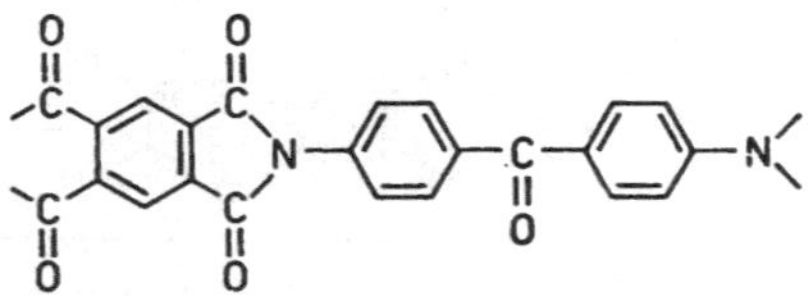	410	74–75	–
VII	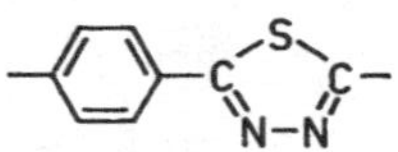		92	750
VIII	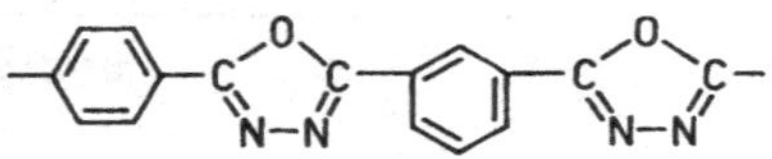	450	75***	700

Tabelle 6 (Forts.)

Probe	Grundbaustein	Zersetzungs-temperatur des Polymeren*) [°C]	Faserstoffe bei 300°C Restfestig-keit**) [%]	Zeit f. Ab-nahme d. Festigkeit auf d. Hälfte [Std]
IX	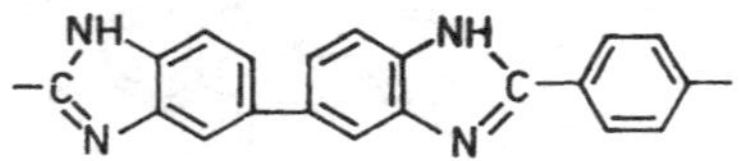	300–350	52–53	100
X	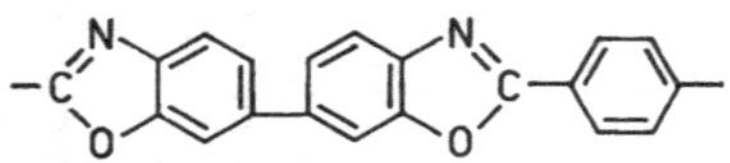	500	57	–
XI	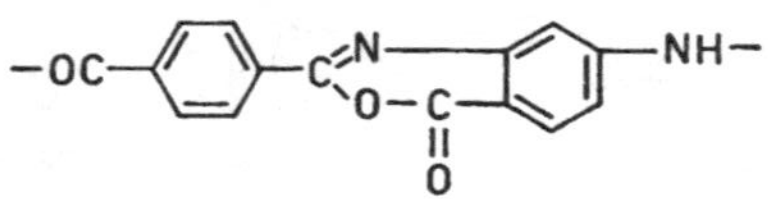	490–500	97–100	–
XII	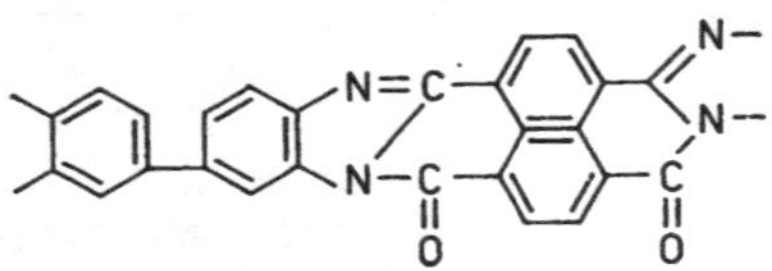	–	50	–

*) nach derivatographischen Angaben **) nach Tempern während 100 Std. ***) dito, 168 Std.

Strukturparameter der Faserstoffe, hauptsächlich um die Biegsamkeit der Ketten zu erhöhen, in das Makromolekül verschiedene sog. „Gelenk"-Bindungen eingebaut, z. B. Oxid-, Sulfid-, Sulfon-Bindungen u. a.

Die Praxis zeigt, daß der Einbau von Heterocyclen, wie in Tab. 7 gezeigt wird, jedoch die günstigste Lösung ist.

Beim Einbau von Gelenkbindungen des Typs SO_2, CO, O, S, CH_2 verringert sich die Thermostabilität sowohl der Polyimide als auch der Polyamide beträchtlich. Bei der Einführung von Heterocyclen ist jedoch zu beobachten, daß sich die Thermostabilität nicht nur nicht verringert, sondern in einigen Fällen sogar etwas verbessert. Die Wärmebeständigkeit bleibt praktisch unverändert, wobei allerdings die Oxadiazol-Faserstoffe (VI) eine Ausnahme machen.

Wie aus Tab. 6 hervorgeht, sind die angegebenen Faserstoffe bei 400 °C thermisch nicht mehr stabil, während die entsprechenden Polymeren selbst bei 500 °C stabil sind. Die Ursachen lassen sich nicht eindeutig erkennen. Folgende Umstände können beeinflussend wirken:

1. Ungenügende Kenntnisse über die Cyclisierung der Faserstoffe; bekanntlich verläuft diese Reaktion unter sehr extremen Bedingungen in der festen Phase. Deshalb wird eine 100%ige Cyclisierung praktisch nie erreicht. Die zurückbleibenden, nicht cyclisierten und offenen linearen Bindungen sind die schwachen Stellen, die leicht abgebaut werden. In der ungenügenden Cyclisierung liegt die vermutliche Ursache dafür, daß die sog. BBB-Fäden*) (XII aus Tab. 6) entgegen allen theoretischen Aspekten thermisch nicht stabil sind.

2. Mängel beim Spinnprozeß, die zur Herstellung von Faserstoffen mit einer großen Zahl von Makrodefekten führen. Das Vorhandensein einer ausgeprägten inneren Oberfläche der Faserstoffe erleichtert die Initiierung des thermooxydativen Abbaus.

---

*) BBB-Fäden sind Fasern auf Basis des Polymeren Poly-(bis-benzimidazobenzophenanthrolin).

Tabelle 7

Eigenschaften thermisch beständiger Faserstoffe mit Heterobindungen bei 300 °C

Probe	Diamin	Pyromellithimid-Fäden Wärme-beständigkeit [%]	Pyromellithimid-Fäden Thermo-stabilität [%]	Terephthalatamid-Fäden Wärme-beständigkeit [%]	Terephthalatamid-Fäden Thermo-stabilität [%]
I		–	95	52	90
II	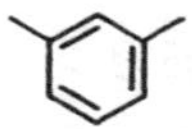	56	78	42–43	54
III	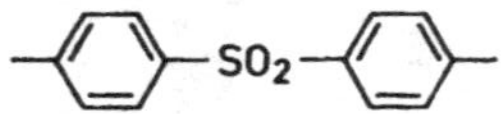	–	–	50–52	75
IV	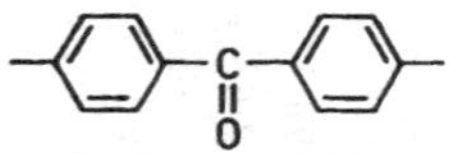	57	74–75	–	–
V	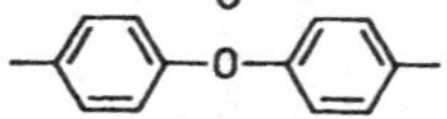	43	56	–	55
VI	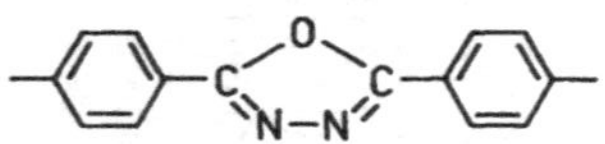	40	95	40	85–90
VII	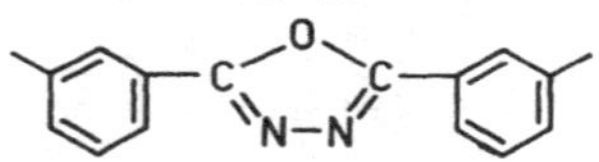	25–26	100 (50**)	37–39	75***

Tabelle 7 (Forts.)

Probe	Diamin	Pyromellithimid-Fäden Wärme-beständigkeit [%]	Pyromellithimid-Fäden Thermo-stabilität [%]	Terephthalatamid-Fäden Wärme-beständigkeit [%]	Terephthalatamid-Fäden Thermo-stabilität [%]
VIII	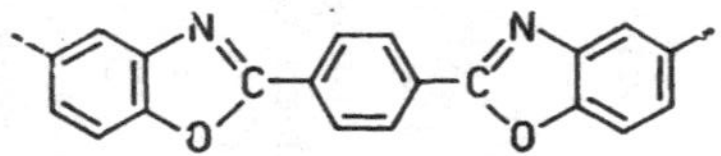	49	78–79 (20**)	34–35	56***
IX	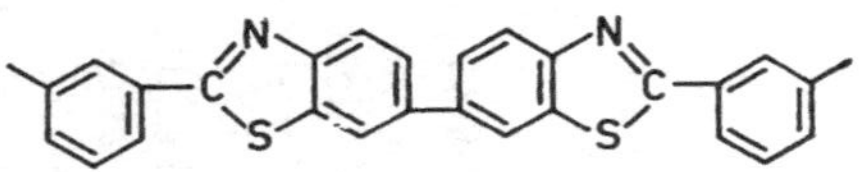	38–39	100 (68***)	47	50
X	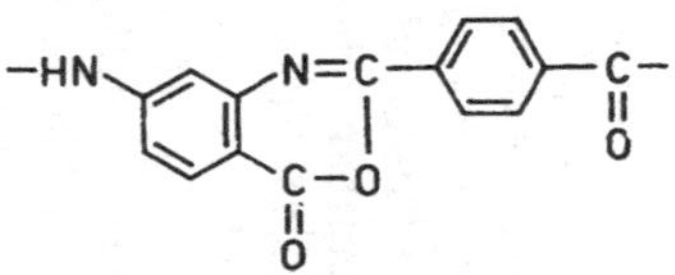	–	–	55–60	97–100

(Unter Vorbehalt wird für die Polymeren in dieser Tabelle unter Wärmebeständigkeit, die Formbeständigkeit der Faserstoffe bei einer möglichst hohen Gebrauchstemperatur (300 °C) verstanden; unter Thermostabilität, der Erhalt der chemischen Struktur der Faserstoffe während einer längeren Bearbeitungsdauer bei erhöhter Temperatur (300 °C).)

*) Nach Tempern bei 300 °C während 100 Std.
**) Nach Tempern bei 300 °C während 1000 Std.
***) Nach Tempern bei 300 °C während 168 Std.

3. Unzureichender Reinheitsgrad der Monomeren. Dieser Mangel erschwert nicht nur die Erhöhung der relativen Molekülmasse des Polymeren, sondern führt auch zur Bildung verschiedener verzweigter Ketten und zu Störungen in der chemischen Homogenität der Faserstoffstruktur. Einige der Verunreinigungen fungieren geradezu als gute Initiatoren des thermooxydativen Abbaus.

4. Störung der strukturellen Homogenität der Faserstoffe bei thermischen und technologischen Arbeitsgängen.

Wenn es den Chemikern und Technologen bei zukünftigen Untersuchungen und Arbeiten gelingt, die erwähnten Mängel auch nur teilweise abzustellen, dann ist zu erwarten, daß sich die thermische Stabilität der Faserstoffe der thermischen Beständigkeit der entsprechenden Polymeren nähert. Doch selbst dann werden sich Faserstoffe mit umfangreichen Einsatzmöglichkeiten bis 450 °C kaum herstellen lassen. Es müssen zur Erreichung dieses Zieles weitere Forschungsarbeiten intensiviert werden und zwar auch in prinzipiell neuen Richtungen.

1.3. Begriffsbestimmungen

Die Probleme „*Temperaturbeständigkeit*", „*Schwerentflammbarkeit*" und „*Nichtbrennbarkeit*" sind heute — zum Teil infolge staatlich verfügter Forderungen — aktueller denn je. Es gibt kaum noch eine Fachzeitschrift, in der nicht über neue Verfahren, Textilien schwer entflammbar oder nicht brennbar auszurüsten, berichtet wird. Die Aktivität ist in den englisch sprechenden Ländern auf diesem Gebiet besonders groß.

Bei dem Versuch, sich über den Grad der Brennbarkeit von Materialien zu verständigen, stößt man auf erhebliche Schwierigkeiten. Die Sprachverwirrung ist groß. In den verschiedenen Sprachen werden die Begriffe unterschiedlich gebraucht. Deshalb ist es wichtig, zu übereinstimmenden Festlegungen zu kommen. Die Begriffe „temperaturbeständig“, „schwerentflammbar“ und „nichtbrennbar“ werden oft nicht klar unterschieden. Eine eindeutige Definition ist jedoch notwendig, um die Eigenschaften eines Materials umfassend zu beschreiben.

Aus vorliegenden Normen über die Prüfung der Brennbarkeit und Entflammbarkeit von Stoffen lassen sich folgende Begriffsdefinitionen ableiten:

1. Ein Stoff ist brennbar, wenn er sich nach Einwirkung durch eine Wärmequelle entzünden kann und unter normalen Bedingungen weiterbrennt.

2. Nichtbrennbar ist ein Stoff, wenn er unter der Einwirkung einer Wärmequelle bis etwa 600 °C sich nicht entzündet und der Stoff dabei seine Form behält.

3. Ein Stoff ist entflammbar oder entzündlich, wenn er sich durch die Einwirkung einer Wärmequelle unter Bildung einer Flamme entzündet oder glimmt.

4. Als schwerentflammbar oder schwer entzündlich werden Stoffe bezeichnet, die eine begrenzte Zeit der Entzündung widerstehen können oder im Falle einer Entzündung nach Beseitigung der Wärmequelle nur kurzfristig weiterbrennen oder weiterglimmen.

5. Stoffe sind schmelzbar, wenn sie durch eine Wärmequelle in der Weise verändert werden, daß sie oberhalb einer bestimmten Temperatur oder eines Temperaturbereiches erweichen und ihre Form verändern, und zwar durch Schmelzen und/oder Zersetzen, wobei im Extremfall Tropfenbildung möglich ist.

Unter dem Begriff „*Wärmequelle*“ sollen alle Arten von Energieübertragungen verstanden werden, wie z. B. durch Feuer, Strahlung oder direkte Wärmeübertragung von heißen Flächen u. ä.

Die Schwerentflammbarkeit von Faserstoffen kann substanzbedingt sein, wie z. B. bei Polyvinylchlorid, Polyamid oder Polyester. Dieser Effekt an Faserstoffen läßt sich aber auch erreichen durch Aufbringen bestimmter Ausrüstungsprodukte auf die Faser oder durch Einspinnen von flammenhemmenden Comonomeren (s. Kap. 3.).

Von H. Görlach [7] werden textile Fasern oder Fäden als temperaturbeständig bezeichnet, die eine zeitlich erfaßbare Hitzestabilität bei weitgehender Erhaltung der technologischen Daten ausweisen und deren Null-Festigkeitstemperatur*) in normaler Atmosphäre über 300 °C liegt.

Als hochtemperaturbeständig werden von ihm Faserstoffe charakterisiert, die oberhalb 1000 °C einsetzbar sind.

1.4. Prüfmethoden

Es gibt in den verschiedenen Ländern eine erhebliche Zahl von Prüfvorschriften über die Brennbarkeit von Textilien. Wesentlich ist nun, die vorhandenen Normen zu ordnen, technisch auf den neuesten Stand zu bringen, für jeden Anwendungszweck eine oder mehrere Prüfmethoden richtig einzusetzen und mit Hilfe der erarbeiteten Meßzahlen eine Beurteilung vorzunehmen.

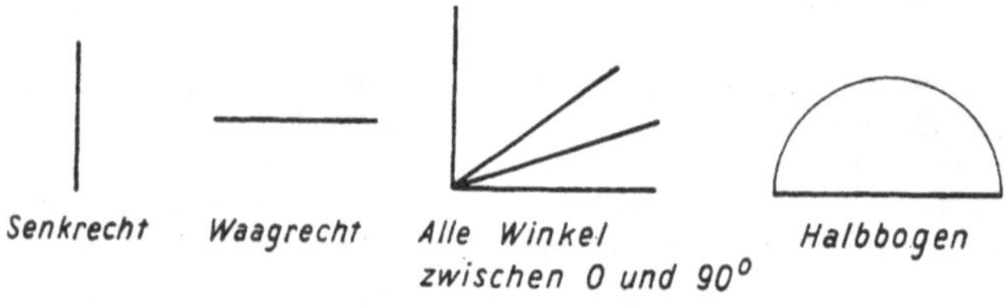

Abb. 1. Mögliche Brennlagen für einen Brenntest

Bei Brennprüfungen kann die Probe, wie in Abb. 1 dargestellt, grundsätzlich in folgenden Lagen abgebrannt werden: senkrecht hängend, waagerecht liegend, in einem Winkel z. B. von 45° zwischen senkrecht und waagerecht liegend oder in einem Halbbogen sozusagen alle Winkel umschließend.

*) Unter Null-Festigkeitstemperatur versteht man die Temperatur, bei der die Festigkeit auf den Nullwert absinkt.

Im folgenden sollen die wichtigsten Prüfgeräte kurz beschrieben werden:

In den USA wurde der sog. *45°-Tester* (Abb. 2) entwickelt. Er wird auch in der Schweiz und in Großbritannien angewendet. Wie schon der Name besagt, wird die Probe beim 45°-Tester – in einem zugfrei gebauten Kasten mit Glasfenster – in einem Winkel von 45° zur Bodenplatte aufgespannt.

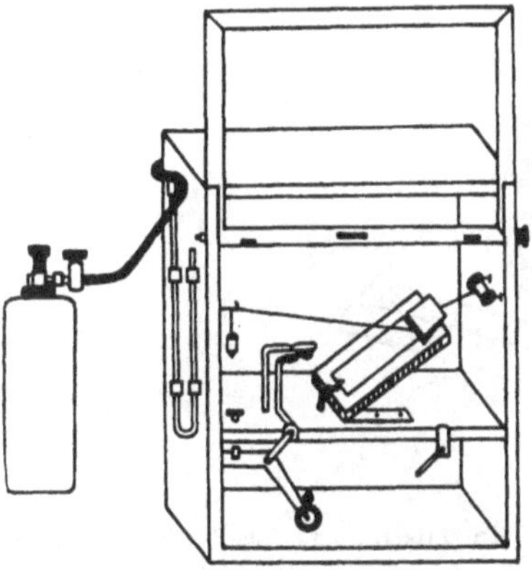

Abb. 2. 45°-Tester zum Klassifizieren leicht entzündlicher Textilien [9, 125]

Beim Herausdrücken der Zündflamme auf die Prüflingsfläche wird eine Stoppuhr in Gang gesetzt; sie wird gestoppt, sobald die Brennfront einen Querfaden am Ende der Schräge erreicht. Trotz aller Verbesserungen kann dieser Prüfapparat bestenfalls ganz besonders leicht entzündliche Textilien klassifizieren.

Mit dem sog. *Senkrechttester* kann man entscheiden, ob Textilien schwer entflammbar sind oder nicht.

Der größte Teil der handelsüblichen Textilfaserstoffe zeigt ein Brennverhalten, das bei der Senkrechtmethode nicht mehr ausreichend differenziert wird.

In dem sog. *Bogentestgerät* besteht die Aufspannvorrichtung aus 2 halbkreisförmigen Messingblechen, auf die

die Probe stets in Kettrichtung aufgenadelt wird. Sie befindet sich in einem Kasten mit einer Glasscheibe in der Vorderwand und seitlichen Schiebetüren. Die Verbrennungsluft wird gleichmäßig durch Löcher in den Längswänden unter und in dem Kopfteil zugeführt. Man zündet 5 s lang mit einer 20 mm hohen Gasflamme an der linken Kante der Probe. Ermittelt werden die Brenndauer und der erreichte Brennwinkel; außerdem werden die Brennzeiten von 30° zu 30° notiert.

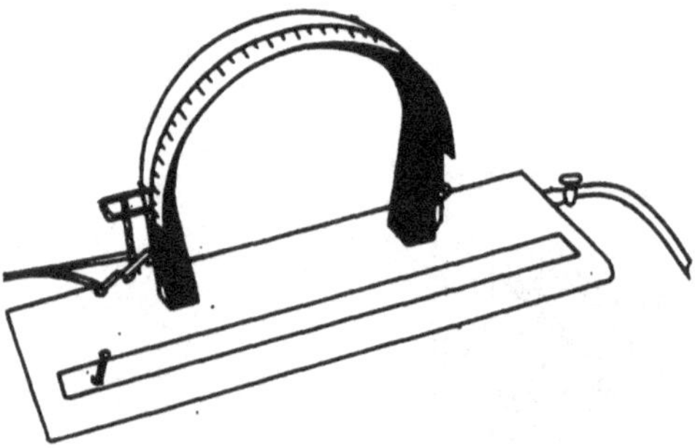

Abb. 3. Bogentester zur vergleichenden Untersuchung von Textilien verschiedener Rohstoffbasis [9]

Dieses Gerät hat den Vorteil, daß es mehrere Prüfmethoden in sich vereinigt, weil man den Brennverlauf aufsteigend, waagerecht und absteigend beobachten kann. Mittels der Kombination von erreichtem Brennwinkel und benötigter Brennzeit kann man das Prüfgut sinnvoll mit Noten klassifizieren (Tab. 8).

Daß man mit den beschriebenen Methoden eine Aussage treffen kann, wird durch Tab. 9 belegt, in der Prüfergebnisse aus verschiedenen Brennprüfmethoden zusammengestellt sind. Ordnet man die Textilien nach diesen Prüfergebnissen (Tab. 10), so kann man erkennen, daß eine Ordnung nach brennbaren und schwerbrennbaren Textilien möglich ist. Hierbei muß natürlich die Vergleichbarkeit der Versuchsergebnisse beachtet werden.

Diese Ergebnisse zeigen, daß es möglich ist, dort, wo eine reale Notwendigkeit besteht, für bestimmte Anwendungszwecke (wie z. B. Arbeitsschutzbekleidung, Baumaterialien u. ä.) Richtlinien zu erlassen.

Tabelle 8

Noten für den Brennverlauf im Bogentestgerät [7, 9, 27, 148]

Note	Brennverlauf	selbständige Brenndauer [s]	erreichter Brennwinkel
1	brennt nicht	0	0°
2	brennt kaum	< 20	≦ 60°
3	brennt langsam	> 300	180°
4	brennt gut	150 – 300	180°
5	brennt schnell	< 150	180°

Tabelle 9

Gegenüberstellung nach anwendungstechnischen Prüfnormen

	Bogentester [s/Bogengrad]	Senkrecht-Methode [s]	45°-Methode Brennzeit [s]
Polyvinylchlorid	0/13	0	0
Polyamid	0/23	0	0
Polyester	0/24	0	1
Polyakrylnitril	105/180	13,4 abgebrannt	16,2 abgebrannt
Polypropylen	248/133	76,2	113
Polyester/Baumwolle 65/35	164/180	9,8	20
Polyester/Wolle 55/45	10/47	4	16,8
Polyester/Polyakrylnitril 50/50	42/87	29,6	58,2
Polyurethan	0/15	10	–
Nomex	0/30	0	0
Baumwolle, naturell	194/180	17,6 abgebrannt	27,8 abgebrannt
Baumwolle, schwerentflammbar ausgerüstet	2/30	0	0
Wolle	127/71	22,6	0

Tabelle 10

Gruppeneinteilung verschieden brennbarer Textilien

1. entflammbar	Polyester/Wolle, je nach Konstruktion Polyester/Baumwolle Polypropylen Polyakrylnitril Baumwolle Wolle in leichter Konstruktion
2. schwer-entflammbar	Polyvinylchlorid Polyamid Polyester Polyester/Wolle, je nach Konstruktion Baumwolle, schwerentflammbar ausgerüstet Wolle in schwerer Konstruktion

Im vorliegenden WTB werden nur die temperaturbeständigen Faserstoffe auf der Basis organischer Polymerer abgehandelt, während auf temperaturbeständige Faserstoffe aus anorganischen Polymeren einschließlich Kohlenstoff- und Graphit-Faserstoffe in einem anderen WTB ausführlich eingegangen wird.

2. Temperaturbeständige Faserstoffe aus organischen Polymeren

Gegenwärtig sind drei Methoden zur Herstellung temperaturbeständiger Faserstoffe aus organischen Polymeren bekannt:

1. Strukturelle und chemische Modifizierung vorhandener, industriell erzeugter Synthesefaserstoffe (Vernetzungsreaktionen).
2. Verarbeitung neuer, fadenbildender, hochschmelzender Polymere, wobei die in Abschn. 1.2. erwähnten Voraussetzungen erfüllt sein müssen.
3. Entwicklung von Flammfestausrüstungen für die herkömmlichen textilen Faserstoffe.

In den weiteren Ausführungen werden die drei Herstellungsmöglichkeiten an einigen Beispielen erläutert.

Bei der Suche nach temperaturbeständigen Faserstoffen auf Basis organischer Polymerer sind zu beachten:

- Sterische Hinderung;
- gelenkte Anordnung der Monomereinheiten, die zur Kristallinität führt;
- Schutz der wärmeempfindlichen Molekülteile (z. B. mit Hilfe sterischer Effekte, wie bei Polytetrafluoräthylen);
- Stabilität verschiedener Arten der chemischen Bindung (z. B. der C—F-Bindung und der aromatischen C-Bindung, die stärker ist als die C—H-Bindung und die aliphatische C-Bindung).

Ferner ist bekannt, daß die aromatische C—C-Bindung eine größere Wärmebeständigkeit besitzt als die aliphatische. Die Forschungsarbeiten konzentrieren sich deshalb auf die Herstellung aromatischer Polymerer, in denen Phenylgruppen miteinander verbunden sind. Von den organischen Polymeren mit aliphatischer C—C-Kette besitzen die Polytetrafluoräthylene die größte Temperaturbeständigkeit. Wahrscheinlich wird das organische Polymere mit der größten chemischen Beständigkeit einmal ein völlig fluoriertes aromatisches Polymere sein. Bereits heute ist ein intensives Bemühen der Wissenschaftler erkennbar, fadenbildende fluorierte Polyester und Aromaten zu synthetisieren. Die Schwierigkeiten bestehen darin, ein hohes Molekulargewicht herzustellen, d. h. die Verbindung vieler aromatischer Gruppen und eine entsprechende Fluorierung durchzuführen.

2.1. Erzielung und Erhöhung der Temperaturbeständigkeit durch Vernetzung von synthetischen Faserstoffen

Die strukturelle und chemische Modifizierung von industriell erzeugten Synthesefaserstoffen kann in manchen Fällen durch gezielte Vernetzungsreaktionen die

Temperaturbeständigkeit bewirken oder erhöhen. Am Beispiel von Polyakrylnitril (PVY)-Faserstoffen, Copolymeren des PVY [17, 18, 53] sowie Polyamid-Faserstoffen [11, 12, 13, 15, 16] läßt sich zeigen, daß die Vernetzung mit verschiedenen Mitteln eine Verbesserung der thermischen Beständigkeit der angeführten Faserstoffe nach sich zieht.

Von L. G. Smolnikova und A. A. Konkin [11] wurden die mechanischen Eigenschaften von Kapron-Fäden (sowjetische PA-Faser auf Basis PA-6) untersucht, die mit bifunktionellen Vernetzungsmitteln (Sebacylchlorid, Hexamethylendiisocyanat, Toluylen-2.4-diisocyanat) modifiziert worden waren. Der Einfluß der Vernetzung wurde auf Grund der Veränderung der Reißfestigkeit, der Dehnung und der Wärmefestigkeit festgestellt.

Die Modifizierung von Kapron-Fäden mit Dicarbonsäurechloriden wird von Abbauvorgängen begleitet. Säurechloride bzw. Säuren beteiligen sich dabei selbst an den Acidolysevorgängen gemäß folgendem Schema:

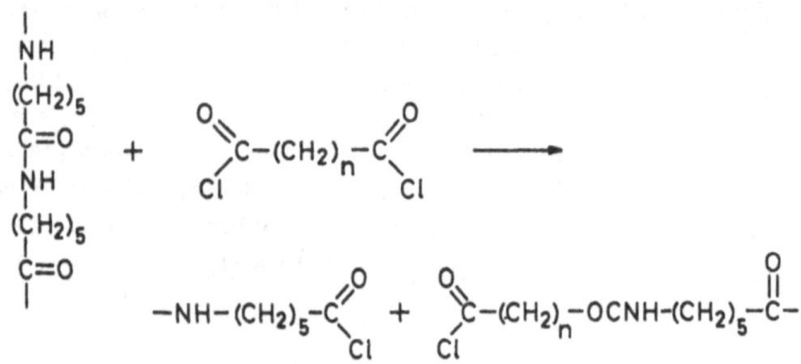

Die Entstehung intermolekularer chemischer Bindungen führt zu einer merklichen Verbesserung der Wärmebeständigkeit. Während der Verlust der Reißfestigkeit der Ausgangsfäden bei 120 °C 40% beträgt, sinkt er bei den modifizierten Fäden (mit 4,1% Gewichtszunahme) bis auf 24% ab. Die absolute Festigkeit der modifzierten Fäden bleibt jedoch bei hoher Temperatur hinter der

Festigkeit der nichtmodifizierten zurück; dies erklärt sich durch den partiellen Abbau. Die Modifizierung von Kapron-Fäden mit Toluylen-2.4-diisocyanat führt zu einer Erhöhung der Reißfestigkeit, Wärmefestigkeit, Beständigkeit gegenüber wiederholten Deformationen und Elastizitätsmodul. Die Dehnung nimmt dabei allerdings ab.

In Tab. 11 wird der Einfluß der Natur des Vernetzungsmittels auf die physikalisch-mechanischen Eigenschaften von Kapron-Fäden angegeben.

Tabelle 11

Eigenschaften der vernetzten Kapron-Faser

Probenmaterial	Gewichtszunahme [%]	Rkm	Dehnung [%]	Elastizitätsmodul bei 3% Dehnung [kp/mm²]	Smp. [°C]
Kapron-Faser		41,5	27,5	211	218
vernetzt mit					
Phenylisocyanat	7	32,4	32,5	210	208
Dichlorphenylisocyanat	7	32,6	33,6	206	202
Toluylenisocyanat	7	45,5	20,1	236	230,5
Toluylenisocyanat	11,8	52,4	18,2	262	242

Bei mit Dischwefeldichlorid strukturierten Kapron-Fäden führt der im Faden gebundene Schwefel zu einer merklichen Erhöhung der Thermostabilität dieser modifizierten Fäden [12]. Als Hinweis möge genügen, daß der Festigkeitsverlust bei relativ harten Bedingungen einer Thermobehandlung (24 Std. bei 150 °C) für KS-Fäden (mit S_2Cl_2 strukturierte Kapron-Fäden) — Gewichtszunahme 2,8%—7% beträgt, während er beim Ausgangs-Kapron-Faden 55% erreicht.

Bei einem hohen Gehalt an gebundenem Schwefel (6,3 bis 8,4%) nimmt als Auswirkung einer thermischen Behandlung bei 150 °C die Festigkeit der KS-Fäden gegenüber ihrer Festigkeit vor der Thermobehandlung zu. Bei erhöhten Temperaturen erfolgt eine partielle Schwefelabspaltung unter Verringerung der Länge der zwischenmolekularen Brücken; dies hat die Festigkeitszunahme der KS-Fäden zur Folge.

Möglicherweise spielt der in den KS-Fäden enthaltene Schwefel eine Inhibitorrolle bei dem nach einem Kettenmechanismus verlaufenden thermooxydativen Abbau des Polykaproamids.

Allgemein kann festgestellt werden, daß die Existenz vernetztender Polysulfidbrücken zu einer Erhöhung des Elastizitätsmoduls, der thermischen Stabilität sowie zu einer Verringerung der Dehnung und einer Veränderung des Fließverhaltens der KS-Fäden führt.

Interessant sind auch die Untersuchungen hinsichtlich der Vernetzungen von Kapron-Fäden mit 2.4.6-Trichlor-1.3.5-triazin (Cyanurchlorid), das drei reaktionsfähige Chloratome enthält [13]. Die modifizierten Fäden sind beständiger gegen fotochemischen Abbau und weisen erhöhte Wärmebeständigkeit sowie geringere elektrische Aufladung bei Reibung auf [14].

Die Bestimmung der Wärmebeständigkeit der Ausgangsfäden und der modifizierten Fäden zeigt, daß das Monosubstitutionsprodukt (I) und das Dihydroxyderivat (II) weniger wärmebeständig sind als das Disubstitutionsprodukt (III) und dessen Monohydroxyderivat (IV).

Das Disubstitutionsprodukt (III) und dessen Monohydroxyderivat (IV) übertreffen die Wärmebeständigkeit der Ausgangsfäden beträchtlich. Höchstwahrscheinlich ist die Erhöhung der Wärmebeständigkeit der modifizierten Fäden (III) und (IV) mit der Bildung von Vernetzungen verbunden. Zwecks Bestätigung dieser Annahme wurden vernetzte Fäden synthetisiert. In der Tab. 12 sind die Ergebnisse aufgeführt.

Hieraus ergibt sich, daß die Wärmebeständigkeit der vernetzten modifizierten Kapron-Fäden größer ist [14].

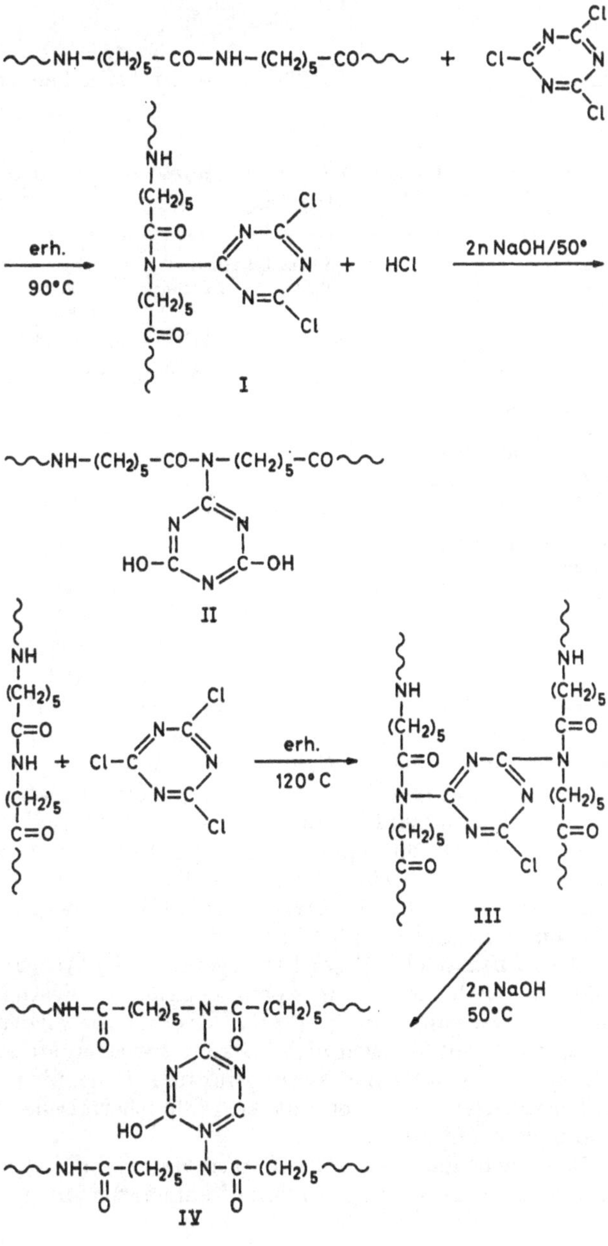

I, II, III, IV

Tabelle 12

Abhängigkeit der Wärmebeständigkeit der Kapron-Fäden von dem Charakter der Substitution des Chlors im Triazinring

Material	Behandlung bei 150 °C Festigkeit [km]	Dehnung [%]	Festigkeitsverlust [%]
Ausgangsfaden	23,1	26,0	60,1
Produkt I (Gew.-Zunahme 4,6%)	16,5	27,5	69,5
Produkt II (Gew.-Zunahme 3,5%)	19,3	30,0	66,6
Produkt III (Gew.-Zunahme 6,3%)	26,6	25,5	50,5
Produkt IV (Gew.-Zunahme 5,5%)	33,2	32,0	43,7

Es werden auch Versuche unternommen, Polyakrylnitril mit Hydrazin [53], Ammoniumsulfid [17] und Thiosemicarbazid [18] zu vernetzen, um damit die thermomechanischen Eigenschaften zu verbessern. Polyakrylnitril wird u. a. mit Semicarbazid bzw. Thiosemicarbazid vernetzt. Polyakrylnitril-Fasern werden einer 5% -DMF-Lösung bei Zimmertemperatur zugegeben und 4 Std. lang am Rückflußkühler auf 80—100 °C erhitzt. Nach der Reaktion wird die Faser auf 100% Feuchtigkeit abgequetscht und bei 140 °C getrocknet.

Die so behandelte Faser hat gegenüber der Ausgangsfaser bei 300C° eine nur wenig geminderte Festigkeit und eine Dehnung von 16—18%. Der erhaltene vernetzte PVY-Faserstoff löst sich nicht in konzentrierten Mineralsäuren und organischen Lösungsmitteln. Gegenüber der unbehandelten Faser erhöht sich die thermische Beständigkeit um 100 °C.

Behandelt man die PVY-Fasern mit einer 12%igen Thiosemicarbazidlösung bei einer Temperatur von 80 bis

Tabelle 13

Eigenschaften vernetzter synthetischer Faserstoffe

Ausgangsfaserstoff	Vernetzungsmittel	Mech. Eigenschaften bei 20 °C Festigk. [p/tex)	Dehnung [%]	Schmelz- bzw. Erweichg. Temp. [°C]	Festigkeit b. einer Temp. v. [°C]	bei 20 °C [% d. ursprüngl.]	Literatur
Kapron	Formaldehyd	65,0	12···14	schmilzt nicht	200	42···43	[15]
Kapron	Diisocyanate	40,8	16,4	—	120	79,0	[11]
Kapron	Dischwefeldichlorid	42,1	14,0	280	150	76,7	[12]
					200	53,6	
Kapron	Semicarbazid	60···65	34···40	erweicht	200	47···50	[16]
Kapron	Cyanurchlorid	57,2	13,0	schmilzt nicht	200	56,3	[13]
Polyakrylnitril	Hydrazin	30···35	16···20	schmilzt nicht	300	45···55	—
Polyakrylnitril	Ammoniumsulfid	35···37	12···14	schmilzt nicht	200	62···67	[17]
					300	23···30	
Polyakrylnitril	Thiosemicarbazid	20···25	5··· 7	schmilzt nicht	300	74···75	[18]
Copolyamid	Co-, Ni-, Ca-Salze	20,0	14···15	schmilzt nicht	300	60,0	[19]
					400	30,0	
Copolymerisat a. Akrylnitril u. N-Formylamidoakrylsäure	Co-, Zn-Salze	14,8	11,0	schmilzt nicht	200	45	[20]
					250	44,2	
Copolymerisat a. Akrylnitril u. Akrylsäure	$Ca(OH)_2$	—	—	schmilzt nicht	266	30,0	[21]

100 °C, so erhält man einen Faserstoff, der bis 300°C thermisch beständig ist bei einer ausreichenden Festigkeit und einer Dehnung von 5—7% [18].

Die wichtigsten Eigenschaften vernetzter Polyamid- und Polyakrylnitril-Faserstoffe sind in der Tab. 13 zusammengestellt.

Wie aus den bisherigen Ergebnissen abgeleitet werden kann, ist es schwierig, durch eine chemische Modifizierung von Faserstoffen eine beträchtliche Steigerung der thermischen Beständigkeit zu erreichen. Die Ursache der Schwierigkeiten ist darin zu suchen, daß die Hauptkette zu stark verändert wird oder daß es zu tiefergreifenden Strukturveränderungen kommt. Die durch Vernetzung erhaltenen Faserstoffe weisen meist ungenügende mechanische Kennwerte auf.

2.2. Synthese neuer fadenbildender organischer Polymerer

Am aussichtsreichsten ist die Gewinnung von temperaturbeständigen Faserstoffen durch Verarbeitung neuer fadenbildender Polymerer mit hohem Schmelz- bzw. Erweichungspunkt.

In den vergangenen Jahren wurden unterschiedliche aliphatisch-aromatische Polyamide [28—37], aromatische Polyamide [38—46] und Polyester [60—63] sowie Polyheterocyclen [65—108] synthetisiert, die in der Hauptkette Gruppierungen enthalten, welche gegen Wärme und Oxydationsmittel beständig sind. Besonders temperaturbeständig sind Polymere, die überwiegend oder vollständig aus derartigen stabilen Strukturen bestehen [22].

Einige dieser Polymeren sind fadenbildend. Aus ihnen wurden Faserstoffe hergestellt. Im folgenden sollen die wichtigsten temperaturbeständigen Faserstofftypen aus organischen Polymeren abgehandelt werden.

2.2.1. *Faserstoffe auf der Basis von Polyamiden mit alicyclischen und gemischten alkylaromatischen Strukturen*

In der Literatur werden Beispiele für die Gewinnung von Polyamiden mit guten thermischen und mechanischen Eigenschaften und alicyclische, aliphatisch-aromatische sowie andere nicht vollaromatische Strukturen beschrieben. Tab. 14 gibt hierüber einen Überblick. Von den angeführten Polyamiden wurden Fäden aus der Schmelze oder im erweichten Zustand ersponnen.

Die Einführung aromatischer und hydroaromatischer Gruppierungen als Strukturelemente von Polyamiden erhöht im allgemeinen deren Schmelztemperatur wesentlich; in einigen Fällen führt sie allerdings nur zu einer Verbesserung der thermischen Beständigkeit der Polyamide und der aus ihnen hergestellten Faserstoffe.

Hinsichtlich der Synthese- und Untersuchungsergebnisse von Polyamiden auf Basis von aromatischen Aminosäuren [23], Aminosäuren mit Cyclohexanringen [24], aliphatischen Diaminen und aromatischen oder hydroaromatischen Säuren [25] sowie aromatischen und hydroaromatischen Diaminen und aliphatischen Säuren [26] wird auf die angegebene Literatur Bezug genommen. Faserstoffe auf Basis von m- bzw. p-Xylylendiamin erreichen eine Festigkeit von 55 p/tex*) bei einer Dehnung von 14%. Die Nullfestigkeitstemperatur beträgt 300 °C. Bei 200 °C zeigen die Fäden noch 55 bis 60% der anfänglichen Festigkeit (bei 20 °C) [28].

Größere praktische Bedeutung erlangt haben Faserstoffe auf der Basis von Terephthalsäure und Hexamethylendiamin. Sie entsprechen dem amerikanischen Faserstoff Nylon-6-T [29]. Dieser besitzt eine Festigkeit von mehr als 50 p/tex und im Vergleich zu Nylon-6.6 und Kapron bessere thermomechanische Kennwerte.

---

*) tex = g/1000 m, Feinheitsbezeichnung für alle linienförmigen textilen Gebilde.

Tabelle 14

Eigenschaften von Polyamid-Faserstoffen auf der Basis von alkylaromatischen Strukturen

Ausgangsmonomere	Schmelz- bzw. Zersetzungstemperatur [°C]	Mechanische Eigenschaften d. Fäden Festigkeit [p/tex]	Dehnung [%]	Literatur
1	2	3	4	5
m,p-Xylylendiamin u. Adipinsäure	303···307	34···68	15···22	[28]
Piperazin u. Adipinsäure	330···350	–	–	[31]
Alkylpiperidin u. Adipinsäure	275···280	28···30	8,6	[31]
1.4-Cyclohexan-bis-methylamin u. Adipinsäure	340···342	42	10···12	[32]
Octamethylendiamin u. Terephthalsäure	330···340	16	16	[33]
Nonamethylendiamin u. Terephthalsäure	315···320	21	34	[33]
Nonamethylendiamin u. Hexahydroterephthalsäure	320···345	26	43,5	[34]
Aminoäthylphenylessigsäure	279···283	40···45	16···18	[36]
Aminoäthylphenylpropionsäure	375···382	10···15	8···10	[35]
Hexamethylendiamin u. Isophthalsäure	320···330	28···30	14	[37]
Tetramethylendiamin u. Isophthalsäure	330···340	18	10	[37]
Hexamethylendiamin u. Terephthalsäure	340	50···55	–	[29]
Copolymerisat d. Lactams der Hexahydro-p-aminobenzoesäure mit ε-Caprolactam (70:30)	schmilzt nicht	bis 50	15	[30]

Selbst eine 120stündige Erhitzung bei 150 °C an der Luft hat nur einen geringfügigen Festigkeitsabfall zur Folge. Der hohe Anfangsmodul läßt diesen Faserstoff als geeignet für Reifencord erscheinen. Copolymerisate des Lactams der Hexahydro-p-aminobenzoesäure mit Caprolactam sind für die Faserstofferspinnung vorteilhaft. Beim Erspinnen aus Lösungen in Schwefelsäure erhält man unschmelzbare Fäden mit einer Festigkeit bis zu 50 p/tex und mit einer Dehnung von 10 bis 15%. Die Nullfestigkeitstemperatur beträgt 390 °C [30].

Bemerkenswert ist auch die Synthese und Untersuchung von Polyamiden und aus ihnen hergestellten Faserstoffen auf der Basis von 1.4-Cyclohexan-bismethylamin (CHMA) und Adipinsäure. Die elementare Zusammensetzung des bei der Polykondensation von CHMA-Salzen und Adipinsäure erhaltenen Polyamids entspricht dem Strukturelement:

$$-\left[HN-H_2C-\langle H \rangle-CH_2-NHCO(CH_2)_4-CO\right]-$$

Wegen der hohen Schmelztemperatur des sich bildenden Polyamids (210 bis 212 °C) ist die übliche Methode der Synthese von Polyamiden in der Schmelze nicht geeignet, da bei hohen Temperaturen leicht Oxydations- und Abbauprozesse verlaufen können. Das Polyamid wurde deshalb durch Polykondensation in fester Phase hergestellt; die Temperaturen lagen hier bei 60 bis 70 Grad unter der Schmelztemperatur des Polyamids. Zur Verbesserung der Spinnbarkeit der Polymeren bei hohen Temperaturen wurde ein Thermostabilisator (Di-β-naphthyl-p-phenylidendiamin) und ein Plastifikator (o-Oxydiphenyl) zugesetzt. In Tab. 15 sind die Eigenschaften der Polymeren und Fäden aufgeführt.

Aus Tab. 15 ist ersichtlich, daß beim Spinnen ein geringfügiger Abbau des Polymeren stattfindet. Besondere Ergebnisse werden beim Verspinnen einer thermisch stabilisierten Schmelze erzielt.

Tabelle 15

Eigenschaften der Polymeren und Fäden

Polymeres	Schmelztemperatur der Polymeren [°C]	Spinnbedingungen Spinntemperatur [°C]	Verstreckungs-temperatur [°C]	Verstreckung	Textilphysikalische Kennziffern der Fäden Reißlänge [km]	Dehnung [%]
1.4-Cyclohexan-bis-methylamin Adipinsäure	341/342	*keine* Fadenbildung				
CHMA + AdS + Dinaphthyl-p-phenylen-diamin	341/342	343/344	250	1:5	41,9	19,7
desgl. mit Zusatz von 40% Plastifikator	333/335	333/335	250	1:4,5	38,3	15,1
desgl. mit Zusatz von 30% Plastifikator	337/339	337/339	m	sehr starre Fäden		m
Kapron-Fäden	214/215	226/228	90	1:5,7	46,5	19,8

Ferner zeigt sich, daß die Fäden auf der Basis von 1.4-Cyclohexan-bis-methylamin die Kapron-Fäden hinsichtlich vieler Eigenschaften übertreffen: sie besitzen eine höhere Schmelztemperatur, einen erhöhten Elastizitätsmodul und bessere thermomechanische Eigenschaften.

In der folgenden Tab. 16 sind die Eigenschaften von Fäden auf Basis von 1.4-Cyclohexan-bis-methylamin zusammengefaßt.

Tabelle 16

Hauptkennziffern der Fäden		Fäden auf der Basis von CHMA	Kapron-Fäden
Schmelztemperatur	[°C]	341···342	212–214
Spezifisches Gewicht	[g/cm³]	1,137	1,14
Wärmefestigkeit bei 200 °C (Festigkeitsverlust)	[%]	35···40	54,5
Reißlänge	[km]	41···44	41···44
Temperatur der Nullfestigkeit	[°C]	311	199
E-Modul bei 3%iger Dehnung	[kp/mm²]	715	250···280

Von praktischer Bedeutung ist der Fakt, daß die Ausgangsmonomeren für die Faserstoffe aus den bezeichneten Polymeren ohne Schwierigkeiten zur Verfügung stehen und relativ billig sind. Die Verfahren zum Erspinnen der Fäden sind unkompliziert und lassen sich ohne große Veränderungen der Normaltechnologie durchführen. Obwohl die Faserstoffe keine besonders günstigen thermomechanischen Eigenschaften besitzen, sind sie doch für solche Erzeugnisse, die nur eine mittlere thermische Beständigkeit zu haben brauchen, praktisch verwendbar.

2.2.2. *Faserstoffe aus aromatischen Polyamiden*

Über die Synthese von vollaromatischen Polyamiden und aus ihnen hergestellten Faserstoffen mit verbesserten thermomechanischen Eigenschaften sind verschiedene Mitteilungen veröffentlicht worden [38–46].

Die strukturellen Variationsmöglichkeiten sind bei aromatischen Polyamiden aus AB-Monomeren auf Benzolbasis stark begrenzt. Beispielsweise sind nur zwei Polymere mit reiner meta- oder reiner para-Orientierung möglich. Zusätzlicher Spielraum ist durch die Kondensation von AA-Monomeren mit BB-Monomeren gegeben. Es sind dann drei Polymere möglich; die entweder rein meta-, rein para- oder gemischt meta- und para-orientiert sind.

Wenn man aber nur einfach eine p-Phenyleneinheit in die Grundeinheit eines einfachen Polyamides einführt, sind die Produkte im allgemeinen nicht zu Fasern verarbeitbar.

Hinsichtlich der Synthese von sog. geordneten Copolyamiden wurde von J. Preston u. Mitarb. [81] versucht, thermostabiles Material „nach Maß" herzustellen, das ein gewünschtes Gleichgewicht von Eigenschaften — thermische Stabilität, Vernetzbarkeit, Kristallinität, Modul, Glasumwandlungstemperatur und Reckbarkeit — zu erreichen gestattet.

Man stellt hierbei zunächst einen strukturell systematischen multifunktionellen Block her und kondensiert dann mit einem anderen Monomeren unter Bedingungen, bei denen keine Umordnung von chemischen Bindungen erfolgt. Auf diese Weise werden zahlreiche Variationen der Struktur möglich.

Eine typische Synthese eines Diamins für ein geordnetes Copolyamid wird in dem folgenden Schema wiedergegeben:

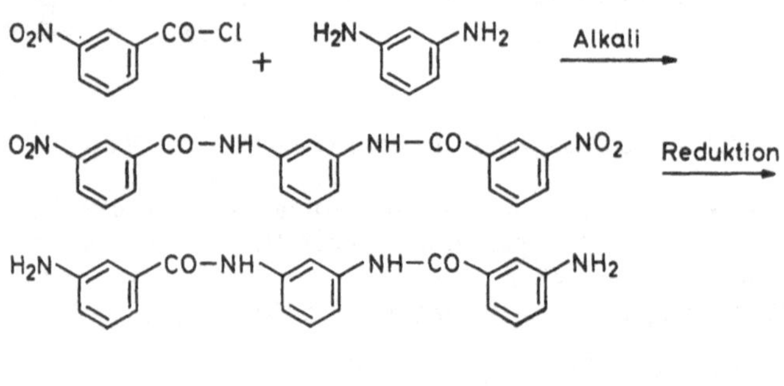

Durch geeignete Modifizierungen dieser Synthese können acht verschiedene Polymere mit meta- oder para-orientierten Ringen oder Kombinationen beider hergestellt werden. Wenn man von dem völlig meta-orientierten geordneten Copolyamid — dazu gehört auch „Nomex“ — zu dem völlig para-orientierten geordneten Copolyamid übergeht, erhöhen sich die Schmelzpunkte von etwa 400 °C auf etwa 550 °C. Die Zersetzungstemperaturen der gleichen Polymeren erhöhen sich dabei von etwa 425 °C auf ca. 550 °C.

Im Hinblick auf die Struktur lassen sich einige Verallgemeinerungen ableiten. Mit der Erhöhung des para-Phenylengehaltes der aromatischen Polyamide (des einfachen Typs oder der geordneten Copolymeren) treten folgende Veränderungen ein:

- Die Löslichkeit in organischen Lösungsmitteln wird verringert.
- Die thermische Stabilität (der Erweichungspunkt und in gewissem Maße die Thermooxydationsbeständigkeit) werden erhöht.
- Die Möglichkeit zum Induzieren der Kristallisation und zur Orientierung wird erhöht.
- Die Zugfestigkeit und der Modul der Fasern werden erhöht, dabei verringert sich aber die Bruchdehnung.

Im folgenden soll auf einige temperaturbeständige Polyamid-Faserstoffe eingegangen werden.

2.2.2.1. Nomex-Fasern — Herstellung und Eigenschaften

Von der Firma „Du Pont“ (USA) wird industriell der Faserstoff Nomex*) (NT-1) erzeugt [38, 47], und zwar aus einem aromatischen Polyamid auf der Basis von m- Phenylendiamin und Isophthalsäure.

(* Du Pont, USA, eingetragenes Warenzeichen für hochtemperaturbeständige Nylon-Faser.

Die Herstellungstechnologie des Faserstoffes Nomex ist in der Literatur nicht beschrieben; angegeben ist lediglich, daß die Fäden nach dem Trocken- oder dem Naßverfahren aus Lösungen in Dimethylacetamid, das 5% LiCl enthält, ersponnen werden [39—42]. Das Ausgangspolymere kann durch Heterophasenpolykonden-

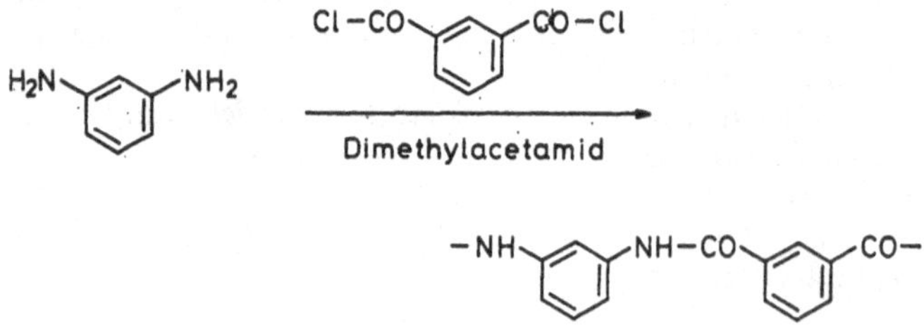

Nomex löslich in DMAc/5% LiCl

sation des Diamins und des Säurechlorids gewonnen werden oder durch oxydative Verknüpfung langkettiger Diamine mit Amidbindungen in der Kette [43].

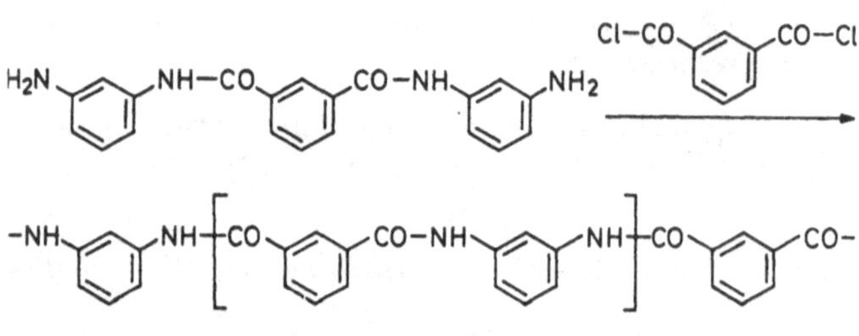

Nomex ist ein Glied der Nylon-Faserfamilie und wurde von Du Pont für solche Anwendungszwecke entwickelt, bei denen gute Formstabilität und ausgezeichnete Hitzebeständigkeit unerläßlich sind. Industrielle Versuche mit dieser Faser auf den Gebieten beschichteter Gewebe, elektrischer Isolierungen, Staubfilterschläuche, Pressenbezüge für Wäschereimaschinen, Riemen, Schläuche, Reifen, Arbeitsschutzanzüge und Raumfahreranzüge haben die hervorragenden Gebrauchseigenschaften bei starker Beanspruchung bestätigt [48]. Die herkömmlichen Staubfilteranlagen wurden durch Nomexfaserbeutel ersetzt, die ohne Schwierigkeiten bei 220 °C mit Spitzentemperaturen bis zu 300 °C eingesetzt werden können [49]. Die Nomex-Faser wird auch als Bezugsstoff für die Sitzpolster der neuen Boeing-747-Düsenflugzeuge verwendet [50].

Nomex ist äußerlich den anderen Du Pont-Nylon-Fasern sehr ähnlich. Einige wesentliche Unterschiede zwischen Nomex und Nylon 66 sind folgende:

- Nomex schmilzt nicht; bei Temperaturen über 371 °C zersetzt sich die Faser jedoch rasch.
- Bei 250 °C (dem Schmelzpunkt von Nylon 66) besitzt Nomex noch 60% der Reißfestigkeit, die es bei Raumtemperatur aufweist.
- Nach der Einwirkung trockener Luft von 260 °C während 1000 Stunden beträgt die Reißfestigkeit von Nomex noch ca. 65% des Wertes vor der Einwirkung.
- Der Anfangs-Elastizitätsmodul von Nomex ist ungefähr 4mal größer als der von Nylon 66.
- Nomex besitzt bei hohen Temperaturen eine höhere Beständigkeit gegenüber Säuren, Beta- und Gammastrahlen, Röntgenstrahlen, Wasser und Dampf als Nylon 66.

Nomex kann als endloses Filamentgarn, Stapelfaser, Spinnkabel und Papier geliefert werden.

In Tab. 17 sind die typischen Eigenschaften von Nomex-Filamentgarnen zusammengestellt.

Nomex besitzt wertvolle Kraft-Dehnungs-Eigenschaften bei Temperaturen, die über dem Schmelzpunkt der meisten synthetischen Fasern liegen. Die Kraft-Dehnungs-Kurven von Nomex bei verschiedenen Fasertemperaturen

Tabelle 17

Typische Eigenschaften von Nomex-Filamentgarn bei 21 °C [48]

	Prüfling*) einfach	Prüfling*) als Schrumpf
Bruchfestigkeit [g/den]**); konditioniert bei 65% rel. Luftfeuchtigkeit	5,3	5,0
naß	4,1	–
Bruchdehnung [%]; konditioniert bei 65% rel. Luftfeuchtigkeit	22	19
naß	16	–
Streckwiderstand [g/den] (bei 100% Dehnung); konditioniert bei 65% rel. Luftfeuchtigkeit	140	–
Spezifisches Gewicht [g/cm³]	1,38	
Spezifische Wärme [cal/g/°C]	0,29	
Linearer Wärmeausdehnungskoeffizient (nach Heißfixierung bei 260 °C) cm/cm/°C zwischen 20 und 205 °C	$1{,}12 \cdot 10^{-5}$	
Thermische Wärmeleitfähigkeit [kcal cm/sec/cm²/°C] für 25,4 mm Dicke	0,31	

*) Die Werte wurden auf einem Instron-Reißfestigkeitsprüfgerät erzielt, wobei ein 200-den-Garn mit einer Dehnung von 120 T/m verwendet wurde.
**) den = g/9000 m, Feinheitsbezeichnung für alle linienförmigen textilen Gebilde

(5 Minuten lang in trockener Luft erhitzt) werden in Abb. 4 gezeigt.

Das Verhältnis zwischen Reißdehnung und Anfangs-Elastizitätsmodul ist aus der Abb. 5 ersichtlich.

Das Vorhandensein kleiner Mengen Wasserdampf in der Luft oder in anderen Gasen hat selbst bei höheren Temperaturen keinen feststellbaren Einfluß auf die Eigenschaften von Nomex.

Ein Wechsel der relativen Luftfeuchtigkeit von 0 bis 95% beeinflußt die Festigkeit dieser Faser überhaupt nicht. Die Biege- und Scheuerfestigkeit von Nomex ist teilweise besser als die anderer synthetischer Faserstoffe, Polyakrylnitril-Faser, Polyester-Faser.

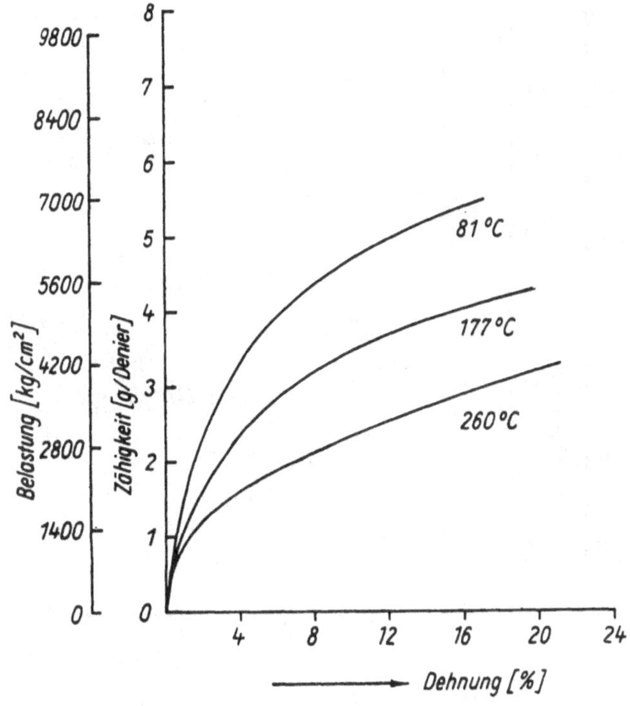

Abb. 4. Kraft-Dehnungs-Kurven bei verschiedenen Temperaturen [48]

Die zunehmende Verwendung von Atomenergie und von energiereicher Strahlung erhöht den Bedarf an Fasermaterial, das dem zerstörenden Einfluß von Beta- und Gammastrahlen sowie den Röntgenstrahlen widerstehen kann. Die hervorragende Beständigkeit von Nomex gegen solche Strahlen wird durch die Werte in Tab. 18 belegt.

Nomex wird wie viele andere Fasern durch Ultraviolettstrahlen von natürlichem und künstlichem Licht zerstört. Die Einwirkung dieser Strahlen ergibt auf der Oberfläche von Nomex einen dunklen Bronzeton. Diese

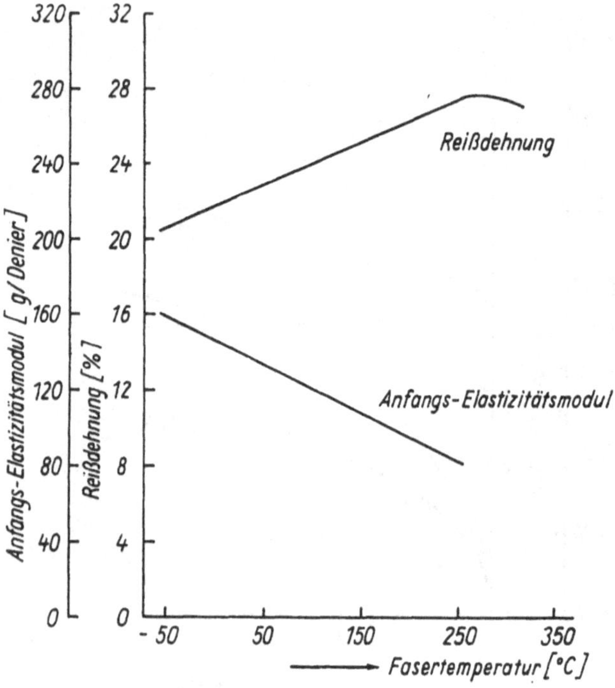

Abb. 5. Modul und Reißdehnung bei verschiedenen Temperaturen [48]

Verfärbung dient dabei als wirksamer Ultraviolettschutz, der den Grad des Festigkeitsverlustes mindert. Nach 80 Stunden künstlicher Belichtung im Fade-Ometer besitzt Nomex-Filamentgarn eine verbleibende Reißfestigkeit von 45%. Wenn man Nomex-Gewebe der direkten Einwirkung von Florida-Sonnenlicht, aussetzt wird dieser Restfestigkeitswert nach 1 Jahr erreicht.

Für Verwendungszwecke, bei denen die Festigkeit von Nomex eine Hauptrolle spielt, müssen demnach Vorkehrungen getroffen werden, daß die Faser vor direkter Sonneneinstrahlung und vor anderen Ultraviolettquellen geschützt wird.

Tabelle 18

Reißfestigkeit der Nomex-Fasern nach Strahleneinwirkung [48]

Bestrahlung	% verbleibende Reißfestigkeit		
	Nomex	Dacron*)	Nylon 66
200 mega reps**)	81	57	29
600 mega reps	76	29	0
Gammastrahlung			
200 mega reps	70	45	32
1000 mega reps	55	radioaktiv	zerfällt
2000 mega reps	35	radioaktiv	zerfällt
Röntgenstrahlen			
(50 kV)			
50 Std.	85	22	–
100 Std.	73	0	–
250 Std.	49	0	–

*) Du Ponts, USA, eingetragenes Warenzeichen für Polyester-Faser.

**) rep, röntgen-equivalent physical; Dosiseinheit für alle Arten ionisierender Strahlung; 1 rep ist diejenige irgendeiner ionisierenden Strahlung, bei der eine Energieabsorption von 93 erg je 1 g Gewebe erfolgt.

Nomex besitzt eine gute Beständigkeit gegen viele Chemikalien und ist äußerst beständig gegen die meisten Kohlenwasserstoffe und viele andere organische Lösungsmittel. Die Säurebeständigkeit von Nomex ist bedeutend besser als die von Nylon 66, jedoch nicht so gut wie bei Polyester- und Polyakrylnitril-Faserstoffen. Nomex zeigt gute Beständigkeit gegen Alkalien bei Raumtemperatur. Es wird jedoch, wie auch Nylon 66, durch starke Alkalien bei erhöhten Temperaturen abgebaut.

Im Gegensatz zu Glasfasern ist Nomex verträglich mit Fluor enthaltenden Elastomeren, Harzen und Kühlmitteln bei hohen Temperaturen. Diese Faser wird auch durch Fluorverbindungen, wie sie in Abgasen von metallurgischen und Flußspat verarbeitenden Betrieben vorhanden sind, nicht angegriffen.

Der Einfluß verschiedener Chemikalien auf Nomex ist in Tab. 19 zusammengestellt.

Tabelle 19

Chemikalienbeständigkeit von Nomex-Fasern

Chemikalien	Konzentration	Temperatur	Zeit	Einfluß auf die Reißfestigkeit*)				
	[%]	[°C]	[Std.]	keinen	schwach	mäßig	deutlich	zerstört
1	2	3	4	5	6	7	8	9
Starke, anorganische Säuren								
Salzsäure	10	95	8				×	
Salzsäure	35	21	10	×				
Salzsäure	35	21	100				×	
Salpetersäure	10	21	100	×				
Salpetersäure	70	21	100				×	
Schwefelsäure	10	21	100	×				
Schwefelsäure	10	60	1000			×		
Schwefelsäure	60	60	100			×		
Schwefelsäure	70	21	100		×			
Schwefelsäure	70	95	8				×	
Organische Säuren								
Essigsäure	100	21	1000	×				
Essigsäure	100	93	10	×				
Benzoesulfonsäure	100	93	10				×	
Benzoesäure	ges. Lös.	93	10	×				
Ameisensäure	91	21	1000	×				
Ameisensäure	91	93	10		×			

Tabelle 19 (Fortsetzung)

Chemikalien	Konzentration [%]	Temperatur [°C]	Zeit [Std.]	Einfluß auf die Reißfestigkeit*) keinen	schwach	mäßig	deutlich	zerstört
1	2	3	4	5	6	7	8	9
Milchsäure	75	21	1000	×				
Oxalsäure	10	93	10		×			
Oxalsäure	ges. Lös.	21	1000		×			
Trifluoressigsäure	100	21	1000		×			
Starke Alkalien								
Ammoniumhydroxid	28	21	100	×				
Natriumhydroxid	10	21	100	×				
Natriumhydroxid	10	60	100		×			
Natriumhydroxid	10	95	8				×	
Natriumhydroxid	40	21	10	×				
Natriumhydroxid	50	60	100					×
Bleichmittel								
Peressigsäure	100	21	10	×				
Natriumchlorit	0,5	21	10	×				
Natriumchlorit	0,5	60	100			×		
Natriumhypochlorit	0,4	21	10	×				
Organische Chemikalien								
Azeton	100	21	1000	×				
Azeton	100	56**)	10	×				

Tabelle 19 (Fortsetzung)

Chemikalien	Konzentration [%]	Temperatur [°C]	Zeit [Std.]	Einfluß auf die Reißfestigkeit*) keinen	schwach	mäßig	deutlich	zerstört
1	2	3	4	5	6	7	8	9
Benzol	100	21	1000	×				
Benzol	100	80**)	10	×				
Schwefelkohlenstoff	100	21	1000	×				
Tetrachlorkohlenstoff	100	21	1000	×				
Tetrachlorkohlenstoff	100	77**)	10	×				
Kresol (Meta-)	100	21	1000	×				
Kresol (Meta-)	100	202**)	10	×				
Dimethylacetamid	100	21	1000		×			
Dimethylacetamid	100	93	10	×				
Dimethylformamid	100	70	168	×				
Dimethylformamid	100	153**)	10	×				
Dimethylsulfoxid	100	21	1000		×			
Dimethylsulfoxid	100	93	10			×		
Äthylalkohol	100	21	1000	×				
Äthylenglykol	100	21	1000	×				
Äthylenglykol	100	70	168	×				
Äthylenglykol	100	93	10	×				
Formaldehyd	10	21	1000	×				
Freon-113***) Kühlmittel	100	21	1000	×				
Benzin (bleihaltig)	100	21	1000	×				
Düsentreibstoff	100	70	168	×				

Tabelle 19 (Fortsetzung)

Chemikalien	Konzen-tration [%]	Tempe-ratur [°C]	Zeit [Std.]	Einfluß auf die Reißfestigkeit keinen	schwach	mäßig	deutlich	zerstört
1	2	3	4	5	6	7	8	9
Methylalkohol	100	21	1000	×				
Methylalkohol	100	65**)	10	×				
Nitrobenzol	100	21	1000	×				
Nitrobenzol	100	93	10	×				
Perchloräthylen	100	70	168	×				
Phenol	10	21	1000	×				
Phenol	100	93	10	×				
Xylol (Meta-)	100	70	168	×				
Einwirkung in verschlossener Prüfröhre								
Luft + 5% Wasser + 5% Schwefel-dioxid****)	–	175	100				×	
„Freon-22"***) Kühlmittel	–	180	1000	×				
Schwefel-Hexafluorid	–	180	1000		×			
gesättigter Wasserdampf	–	155	100			×		

Erklärungen:

*) keinen = 0– 9% Festigkeitsverlust
schwach = 10– 24% Festigkeitsverlust
mäßig = 25– 44% Festigkeitsverlust
deutlich = 45– 79% Festigkeitsverlust
zerstört = 80–100% Festigkeitsverlust

**) Siedepunkt
***) Du Ponts eingetragenes Warenzeichen
****) Gewichtsprozente

Wie bereits angeführt, schmilzt Nomex nicht und besitzt eine außerordentlich niedrige Entflammbarkeit. Bei Temperaturen über 371 °C zersetzt sich die Faser zu einem mürben Rückstand, und zwar um so schneller, je stärker die Hitzeeinwirkung ist. Jede Flamme, die sich während der Oxydation bildet, löscht von selbst aus, wenn die Faser von der Hitzequelle entfernt wird.

Nomex-Gewebe sind entflammbar, wenn in ihnen leicht brennbare Öle, Harze oder Schlichteprodukte vorhanden sind. Mischgespinste aus entflammbaren Fasern und Nomex sind ebenfalls brennbar. Die Gegenwart von geringen Prozentsätzen von Nomex verhindert bereits ein Abtropfen von geschmolzenem Polymer, das beim Verbrennen einiger synthetischer Fasern erfolgt [48].

Praktische Versuche haben erwiesen, daß die Faser selbst dann nichts von ihrer Festigkeit einbüßt, wenn sie 3000 Stunden lang Temperaturen von 180 °C ausgesetzt wird. Auch nach 1000 Stunden bei einer Temperatur von 260 °C behält die Faser noch 65% bis 75% ihrer ursprünglichen Bruchfestigkeit.

Auf Grund seiner Beschaffenheit ist Nomex schwer entflammbar. Die Faser läßt sich nur mit Mühe dadurch in Brand setzen, daß sie einer offenen Flamme ausgesetzt wird. Weder ein Weiterbrennen noch Nachglühen ist festzustellen, sobald die Faser der Flammenquelle entzogen wird. Diese Eigenschaften, schwer entflammbar zu sein und nicht zu schmelzen, sind besonders wertvoll für die Verwendung der Faser zur Herstellung von Schutzkleidungen aller Art [59].

Die Charakterisierung der Nomex-Faser wurde deshalb so ausführlich vorgenommen, weil sie eine der wenigen hochtemperaturbeständigen Fasern ist, die bereits großtechnisch erzeugt und sowohl im textilen als auch im technischen Sektor eingesetzt wird, z. B. rüstet eine britische Ölfirma ihre Fahrer von Tankfahrzeugen mit Schutzanzügen aus Nomex-Fasern aus. Die Luftstreitkräfte Schwedens, Frankreichs und der BRD haben Nomex-Faserkombinationen für die Piloten von Düsenflugzeugen eingeführt. In Frankreich wurden mit Förderbändern aus Nomex-Fasern wegen ihrer Formstabilität und Haltbarkeit gute Erfahrungen gemacht [113].

Gewebe von Nomex-Fasern werden auch als Feuerschutzbekleidung bereits in größerem Ausmaß verwendet und für diesen Zweck industriell hergestellt, nachdem durch umfangreiche Test- und Trageversuche ihre besondere Eignung festgestellt worden ist. Diese Feuerschutzanzüge sind mit einem Höchstmaß an Tragekomfort ausgestattet, besitzen also vor allem auch alle notwendigen technischen Eigenschaften: Sie sind schwerentflammbar und hitzebeständig, haben eine äußerst geringe Wärmeleitfähigkeit und gewähren deshalb Schutz vor hohen Außentemperaturen, sie sind formstabil, abrieb- und reißfest und wasserabstoßend [117]. Ein erheblicher Vorzug ist auch, daß sie unbeschränkt — auch mittels Maschinen — gewaschen und chemisch gereinigt werden können, ohne daß ihre Schutzfähigkeit leidet.

Hochtemperaturbeständige Polyamidfasern werden in der UdSSR [51] und in den USA [52] in der Raketen- und Raumfahrttechnik genutzt. Über das von der Sowjetunion für Raumfahreranzüge eingesetzte Material und die Verfahren zu seiner Herstellung ist noch nichts publiziert worden.

Für amerikanische Raumfahreranzüge wird vor allem die Nomex-Faser verwendet.

2.2.2.2. Nomex-Faser für Apollo-Raumfahreranzüge

Der Raumfahreranzug muß die Astronauten bei Mondlandungen vor den Auswirkungen des Mondvakuums schützen. Er muß ihn gegen Temperaturen isolieren, die zwischen +160 °C und −120 °C schwanken können. Ferner soll er ihn gegen die schnell fliegenden Mikrometeoriten abschirmen, und ihm schließlich eine ausreichende Bewegungsfreiheit gestatten, damit er in diesem „feindlichen“ Bereich bei wissenschaftlichen Ausflügen nützliche Arbeiten ausführen kann.

Da die einzelnen Besatzungsmitglieder der bereits durchgeführten Apollo-Unternehmen unterschiedliche Aufgaben zu erfüllen hatten, wurden für sie 2 verschiedene Anzüge hergestellt: eine Ausführung für die Astronauten, die auf der Mondoberfläche landeten und eine andere für das 3. Besatzungsmitglied, das in der Kommandokapsel zurückblieb. Der Anzug des letzteren bestand aus folgenden Materialien:

Material	Zweck
1. Beta-Glasfasergewebe*) mit Überzug aus Teflon (Fluorkohlenstoff-Faser in Sauerstoffatmosphäre absolut unentflammbar)	Feuerschutz
2. Nylon-Gewebe	Zusammenhalten der folgenden Innenlagen
3. Neoprenbeschichtetes Nylon in Form einer blasenartigen Hülle	Sperrschicht für den zur Pressurisierung des Anzuges erforderlichen Sauerstoff
4. Leichtgewebe aus hochtemperaturbeständigem „Nomex“	Komfortfutter

Die Druckanzüge der beiden Astronauten, die auf dem Mond landeten, hatten dagegen folgende Zusammensetzung:

Material	Zweck
1. Stoff aus „Teflon“ Fluorkohlenstoff-Faser	Schutz gegen aufprallende Mikrometeoriten, Abreibung und Abnutzung

*) „Beta“ charakterisiert hier eine bestimmte SiO_2-Modifikation.

Material	Zweck
2. Beta-Glasfasergewebe mit Überzug aus „Teflon", Fluorkohlenstoffharz (in Sauerstoffatmosphäre absolut unentflammbar)	Feuerschutz, Schutz vor extremen Temperaturschwankungen
3. Aluminisierte Polyamidfolie „Kapton"/Beta-Marquisette	Kapton: zur reflektierenden Isolierung Superisolierung: Zwischenschicht zwischen reflektierenden Flächen
4. Aluminisierte Polyesterfolie „Mylar"	Reflektierende Isolierung
5. Polyesterfaservlies „Dacron"	Zwischenlage
6. Neoprenbeschichtetes Nylon	Zwischenlage
7. Nylongewebe	Stütze für die folgenden Innenlagen
8. Blasenartige Hülle aus neoprenbeschichtetem Nylon	Sperrschicht für den zur Pressurisierung des Anzugs erforderlichen Sauerstoffs
9. Hochtemperaturbeständiges Nylonleichtgewebe aus „Nomex"	Komfortfutter

Unter ihrem Druckanzug trugen die Apollo-Astronauten eine Dauerbekleidung aus Baumwolle.

Die Besatzungen der Mondfähren trugen unter ihrem Raumanzug noch eine Bekleidung mit Flüssigkeitskühlung. Die äußere Lage dieses Anzuges besteht aus der Elastomerfaser*) „Lycra". Diese hält die Kühlschläuche eines integrierten Rohrleitungsnetzes (Vinyl-Rohrmaterial) in Hautnähe. Die Kühlwasserrohre sind

*) Elastomer-Fasern sind Chemiefasern mit gummielastischen Eigenschaften. Die heutigen Elastomer-Fasern gehören zu den Polyurethan-Fasern; bei ihnen erreicht man durch Vernetzen mit geeigneten chemischen Gruppen (segmentierte Polyurethane) Dehnungswerte von 500–700% mit weitestgehender elastischer Erholung.

in ein leichtes poröses Polyamidfasergewebe (Nylon) als Komfortlagen eingebettet [52].

Ein Teil des für das Apollo-Programm arbeitenden Bodenpersonals trägt eine verschiedenartige Spezialkleidung aus Nomex-Fasern.

Für jenes Personal, das die Luken des Raumschiffes verschließt und andere Arbeiten in unmittelbarer Nähe kurz vor dem Start auszuführen hat, wurde eine besondere durchgehende weiße Kleidung entwickelt. Diese hat Unterschichten aus Du Pont-Fasern, um ihre Träger auf dem 22 Stockwerke hohen Gerüst vor Feuerflammen zu schützen. Zum ersten Mal wurde diese Ausrüstung in Kap Kennedy beim Start von ‚Apollo 7‘ benutzt. Sie besteht aus Kapuze, Jacke, Overall, Handschuhen und einem Spezialgeschirr, das in Kabel eingeklinkt werden kann. Obwohl das Personal über die zum Boden hinabreichenden Kabel in Sekundenschnelle aus der Gefahrenzone herausgeholt werden kann, ist die Spezialkleidung zum Schutz gegen die enorme Strahlungswärme erforderlich, die beim Ausbruch eines Brandes entsteht.

Das Hilfspersonal in dem staubfreien Raum, in dem die Astronauten in ihre Anzüge steigen, trägt Kittel aus „Nomex“.

Die bei jedem Apollo-Start bereit stehenden Feuerwehrleute schützen sich durch eine aluminisierte Ausrüstung aus „Nomex“. Diese ist ursprünglich für die amerikanische Luftwaffe entwickelt worden. Als es sich herausstellte, daß diese Kleidung bessere Dienste leistete als die vordem verwendete, die auch dazu noch dreimal so schwer war, wurde sie von der NASA (US-amerikanische Weltraumbehörde) übernommen. Der neue Anzug schützt mehr vor Strahlungsenergie als vor echten Flammen; ein damit bekleideter Feuerwehrmann kann sich gefahrlos einer Hitzequelle nähern, die einem zwanzig Meter hohen Feuer von in Brand geratenem Düsenkraftstoff entspricht.

Da der Anzug einerseits fest und andererseits flexibel ist, besteht für den Träger eine größere Chance, sich aus einer Gefahrenlage zu befreien, wenn er stolpert oder von Trümmern eingeschlossen wird.

Das Bodenpersonal, das mit den im Apollo-Programm verwendeten Raketentreibstoffen und anderen gefährlichen Chemikalien in Berührung kommt, trägt zum Schutz gegen chemische Verbrennungen eine weitere Neuentwicklung aus der Gewebeforschung. Ihre Kleidung ist eine Sandwichstruktur aus Fluorelastomer „Viton", der PTFE-Faser „Teflon" und der FEP-Folie „Teflon".

Da der Antrieb der Raketen durch eine explosive Mischung von reaktionsfreudigen Chemikalien erfolgt würden Lecks in der Treibstoffleitung oder ein unvorhergesehenes Auslaufen der Chemikalien die an der Leitung tätigen Menschen gefährden. Eine der aggressivsten Chemikalien ist das als Hauptoxydationsmittel in flüssigkeitsgetriebenen Raketen verwendete Fluor, das bei der Berührung mit den meisten Werkstoffen in Flammen aufgeht. Das neue Gewebe — eine Materialart, die gewöhnlich nicht zu Kleidungsstücken verarbeitet wird — bleibt bei direkter Berührung mit flüssigem Fluor und den meisten anderen Treibstoffen und Oxydationsmitteln unbeeinflußt. Es verhindert außerdem das Eindringen von Fluorgas für mehr als vierzig Stunden und läßt sich durch einfaches Abspritzen mit dem Schlauch oder Auswaschen mit Wasser reinigen [54].

Nach dieser kurzen Darstellung des neuesten und wohl interessantesten Einsatzgebietes für Nomex-Fasern seien noch einige andere Faserstoffe auf Basis von aromatischen Polyamiden abgehandelt.

Eine amerikanische Firma erzeugt Faserstoffe aus einem Polyamid auf der Basis von Aminobenzoesäure in Phenylendiamin und Terephthalsäure [55, 56]. Auftretende Strukturdifferenzen werden durch Variation in der Kombination von p- und m-Phenylen-Einheiten, 2,6-Naphthylen-Einheiten und 4,4-Diphenyl-Einheiten geregelt.

Diese Fasern haben Festigkeiten von etwa 8 g/den; sie werden nach dem Strecken kristallin. Die Leichtigkeit, mit der die Kristallisation eintritt, der gute Anfangs-Modulwert, die Dehnungs- und Elastizitätseigenschaften auch bei erhöhten Temperaturen stehen allgemein in guter Übereinstimmung mit den Variationen in der Struktur dieser Polymere. Die Fasereigenschaften bleiben auch bei Temperaturerhöhungen bis zu 400 °C gut erhalten. Ebenso ist die Widerstandsfähigkeit gegen Bestrahlung bemerkenswert gut. Auch die Beständigkeit gegenüber ultraviolettem Licht ist wesentlich besser als die des unstabilisierten Nylon 66.

Das für diese Fasern erforderliche Polymerisat wird durch Kondensation von aromatischen Säurechloriden mit Diaminen nach folgendem Schema hergestellt:

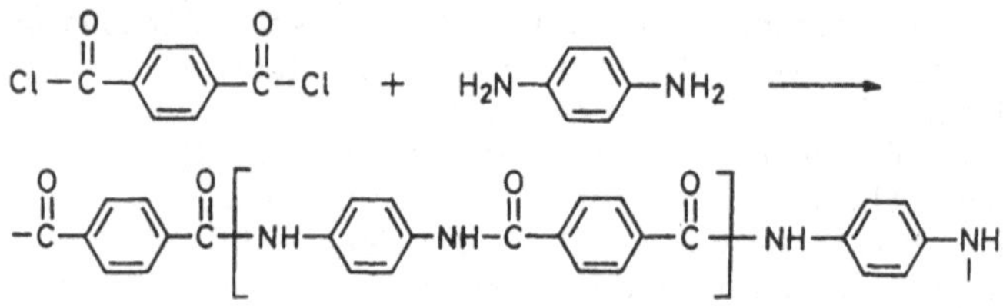

Die erhaltenen Fasern haben Festigkeiten bis zu 8 g/den und in einer reinen Stickstoff- oder Argon-Atmosphäre eine Nullfestigkeitstemperatur von über 515 °C. Sie zeigen im allgemeinen eine ausgezeichnete Konstanthaltung ihrer Eigenschaften, selbst wenn sie für längere Zeit in Luft bei 300 °C behandelt werden.

2.2.2.3. *Aromatische Polyamid-Faserstoffe Phenilon, Sulfon/T u. a.*

Die thermomechanischen Eigenschaften des in der Sowjetunion entwickelten Faserstoffes Phenilon kommen denen von Nomex nahe. Phenilon ist ein aromatisches Polyamid auf der Basis von m-Phenyldiamin und Isophthalsäure. Das Polymere wird durch Emulsionspolykondensation erhalten. Das Erspinnen der Fäden erfolgt nach dem Naßspinnverfahren aus einer 18—20%igen Lösung in DMF (DMF = Dimethylformamid), die 5% LiCl enthält. Als Fällbad dienen wäßrige DMF-Lösungen. Nach der Verstreckung und Thermobehandlung erreicht die Festigkeit des Faserstoffes 45···50 p/tex [57].

Phenilon besitzt eine Dehnung von 15···90% und einen Elastizitätsmodul von 950 kp/mm². Bei 100stündigem Tempern bei 300 °C sind noch 54% Restfestigkeit gegenüber dem Ausgangsfaden nachweisbar [97].

Bessere thermomechanische Eigenschaften als Nomex zeigt der in der UdSSR entwickelte aromatische Polyamidfaserstoff Sulfon/T, der nach dem Naßverfahren aus Polykondensationssirupen ersponnen wird [58].

Bei 300 °C sind noch 50% der anfänglichen Festigkeit vorhanden, bei 350 °C noch 28—30%. Nach 100stündigem Erhitzen an der Luft auf 300 °C macht der Festigkeitsverlust nicht mehr als 10···15% aus.

Die Sulfon/T-Faser weist folgenden Grundbaustein auf:

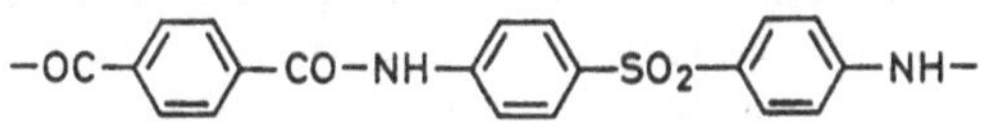

Die wichtigsten textilphysikalischen Parameter der Sulfon/T-Faser sind

Festigkeit	[Rkm]	32— 35
Dehnung	[%]	12— 16
E-Modul	[kp/mm]	600—650

Abb. 6 zeigt eine EM-Aufnahme der Sulfon/T-Faser (1:5000 Vergrößerung).

In den Tab. 20 und 21 sind die Festigkeitswerte bei verschiedenen thermischen Behandlungsstufen zwischen normalen Polyimid-, Sulfon/T- und Phenilon-Fasern miteinander verglichen.

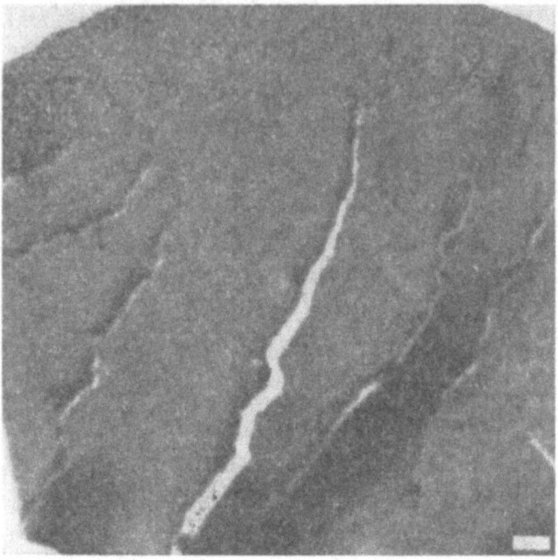

Abb. 6. EM-Aufnahme der Sulfon-T-Faser (Vergrößerung: 1:5000)

Tabelle 20

Thermische Beständigkeit bei 300 °C an der Luft

Faser	Festigkeit in % vom Ausgangsfaden			
	25 Std.	50 Std.	75 Std.	100 Std.
Polyimid	83	75	68	64
Sulfon/T	92	83	81	80
Phenilon	75	68	60	55

Tabelle 21

Einfluß der Temperatur auf die Festigkeit

Faser	Festigkeit in % vom Ausgangsfaden bei °C				
	100	200	300	350	400
Polyimid	82	70	48	35	28
Sulfon/T	83	70	50	38	33
Phenilon	90	65	40	15	7

Aus diesen Angaben folgt, daß die Sulfon/T-Faser in bezug auf die thermomechanischen Eigenschaften den Polyimid-Fasern und auch der Phenilon-Faser überlegen ist.

A. S. SEMENOVA u. Mitarb. stellten einen aromatischen Polyamidfaserstoff auf Basis Poly-m-benzamid dar [89]. Aus 25%igen Lösungen des Polymeren in Dimethylacetamid, das 5% Lithiumchlorid enthält, wurden Fäden mit einer Reißlänge von 36 Rkm und einer Dehnung von 14% ersponnen. Nach 12stündigem Erhitzen an der Luft auf 250 °C zeigten die Fäden noch 100% der ursprünglichen Festigkeit, bei 300 °C und gleicher Erhitzungsdauer noch 45%. Bei 375 °C ist die Festigkeit auf Null abgesunken.

Poly-m-benzamid wurde durch Tieftemperaturpolymerisation des Hydrochlorids von m-Aminobenzoylchlorid in verschiedenen Lösungsmitteln (DMF, DMSO, DMAC*), $CHCl_3$) hergestellt. Die Umwandlung von m-Aminobenzoesäure in Poly-m-benzamid verläuft nach folgendem Schema:

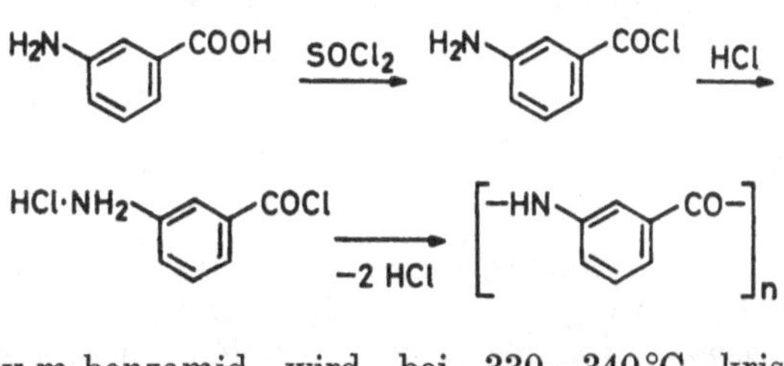

Poly-m-benzamid wird bei 330–340 °C kristallin. Erhitzen über 420 °C führt zu einer zunehmenden Zersetzung. Bei 460 °C schmilzt das teilweise zersetzte Polymere.

Synthetisiert wurden auch hochmolekulare Copolyamide, die neben einfachen Benzolringen in der Hauptkette Naphthalin- oder Biphenylreste mit bestimmter

*) DMF = Dimethylformamid, DMSO = Dimethylsulfoxid, DMAC = Dimethylacetamid.

Sequenz enthalten [45]. Die Struktur eines derartigen Polyamids ist am folgenden Schema zu ersehen:

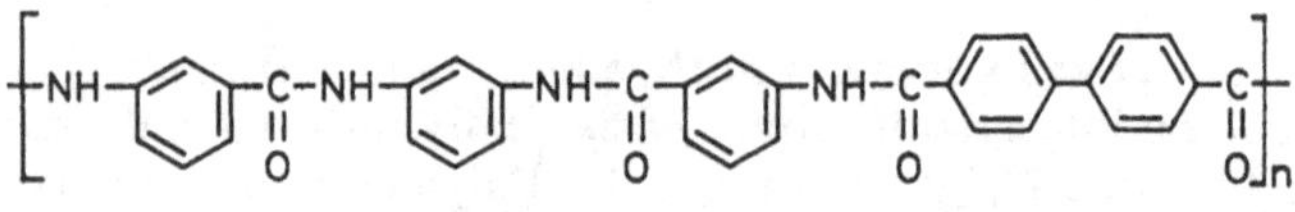

Polymer vom Typ *A*

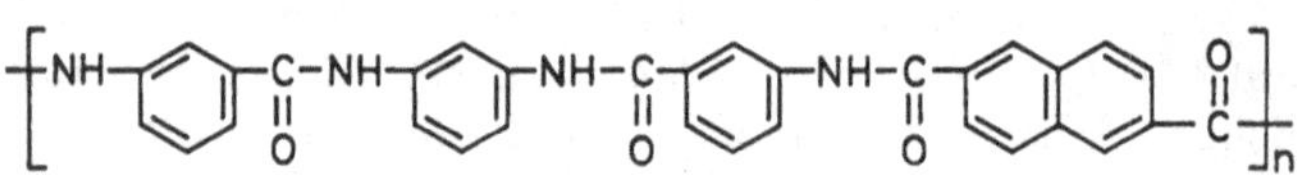

Polymer vom Typ *B*

Der Faserstoff auf der Basis des Polyamids Typ *B* zeigt bei 425 °C noch 22% seiner ursprünglichen Festigkeit, während diese oberhalb von 450 °C schnell abnimmt.

In der Abb. 7 ist die thermische Beständigkeit aromatischer und aliphatischer Polyamide dargestellt.

2.2.2.4. *Heterocyclische Polyamid-Faserstoffe*

Auch temperaturbeständige Polyamide mit verschiedenen Heteroringen in der Hauptkette [46] wurden synthetisiert; ihre Herstellung ist folgendermaßen zu beschreiben:

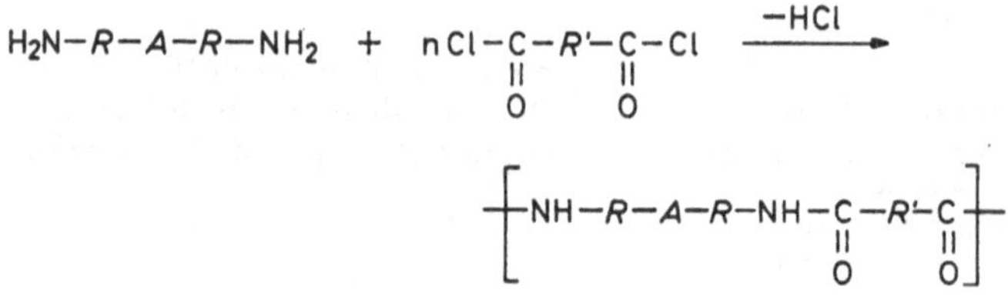

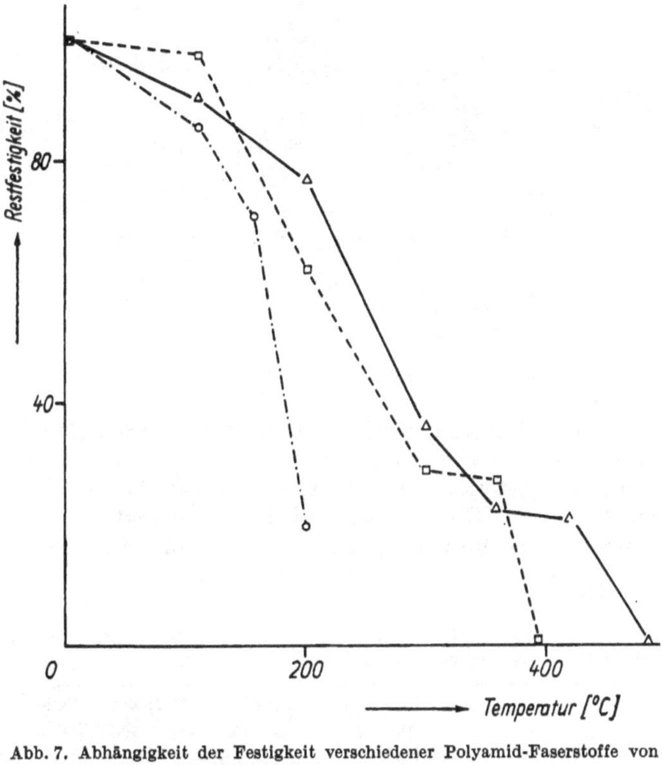

Abb. 7. Abhängigkeit der Festigkeit verschiedener Polyamid-Faserstoffe von der Temperatur [35]

– · – · – PA-66 (aliphatisches Polyamid)

– – – – – – Nomex (aromatisches Polyamid)

———— MMM-N 6 (aus orientiertem aromatischem Polyamid)

Hierbei bedeuten:

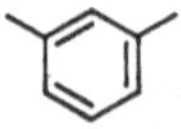

R= m-Phenylen

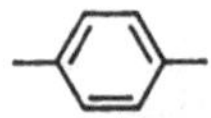

R'= p-Phenylen oder R = R'

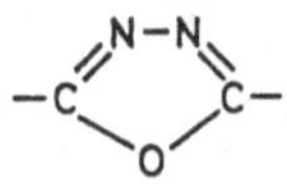

A = 1.3.4-Oxadiazol (I)

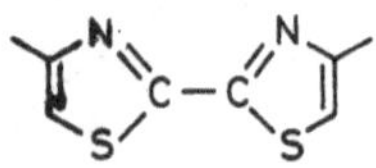

2.2'-Bisthiazol (II)

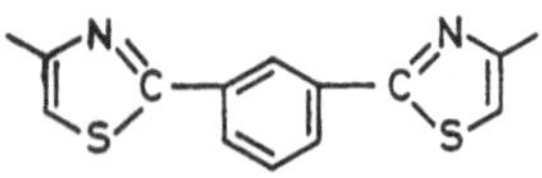

m- bis - Thiazoylbenzol (III)

Diese Polymeren wurden durch Polykondensation in Lösung bei niedriger Temperatur erhalten und zu hochfesten Faserstoffen verarbeitet, die bei 550 °C im Höchstfall bis zu 580 °C beständig sind. Die verstreckten Faserstoffe sind hochorientiert und hochkristallin. In Tab. 22

Tabelle 22

Festigkeiten von heterocyclischen Polyamid-Faserstoffen bei verschiedenen Temperaturen (Radikal *R* im Ring-p-Phenylen) [46]

Polymerstruktur		Festigkeiten in der Luft bei*) [p/den]						Null-festig-keits-tempe-ratur**)
A	*R'*	21 [°C]	200	300	400	450	500	
I	m-Phenylen	6,7	3,8	2,5	0,64	0,23	–	535
I	p-Phenylen	6,5	4,1	2,2	1,5	1,4	0,44	520
II	m-Phenylen	7,8	4,5	3,1	2,3	2,1	0,36	580
III	m-Phenylen	3,4	2,1	1,6	0,66	0,6	–	520

*) Nach einminütigem Halten bei der angegebenen Temperatur.

**) Die Temperatur, bei der der Faden bei einer Erhitzungsgeschwindigkeit in Stickstoff von 5 °C/min. unter einer Belastung von 0,1 p/den reißt.

sind die thermomechanischen Eigenschaften von heterocyclischen Polyamid-Faserstoffen aufgeführt.

Der Faserstoff auf Basis Oxadiazolamid [46] weist eine gute thermische Beständigkeit auf. Nach 168stündigem Erhitzen auf 300 °C besitzt er noch 75% seiner Anfangsfestigkeit. Entsprechende Werte für andere Temperaturen sind in Tab. 23 angegeben.

Tabelle 23

Thermische Beständigkeit von Oxadiazolamid-Faserstoff an der Luft [46]

Erhitzungsbedingungen		Mechanische Eigenschaften		
Temperatur [°C]	Dauer [Std.]	Festigkeit [p/den]	Reißdehnung [%]	Anfangsmodul [p/den]
21	–	5,4	12,4	91
350	18	4,4	4,8	129
400	1	5,5	6,4	113
	3	5,8	6,9	105
	6	4,2	5,0	108
450	0,5	5,6	5,8	116
	1	4,3	4,0	108
500	0,25	0,5	0,8	80
		Form der Fäden bleibt erhalten		

Abschließend kann eingeschätzt werden, daß die aromatischen Polyamide aussichtsreiche Ausgangsmaterialien für die Herstellung von temperaturbeständigen Faserstoffen darstellen. Sie können in einem Temperaturbereich von 400–500 °C erfolgreich eingesetzt werden.

2.2.3. *Faserstoffe aus aromatischen Polyestern*

Im Gegensatz zu den aromatischen Polyamiden gibt es nur einige temperaturbeständige Polyester, die praktisch angewendet werden, da nur wenige Polyester erst oberhalb von 400° schmelzen [53].

Nur vollständig aromatische Polyester (z. B. Polyhydrochinonterephthalat — Smp. 400 °C; Polyhydrochinonisophthalat — Smp. 385 °C — u. ä. Verbindungen) können als thermisch beständige Verbindungen bezeichnet werden. Da diese Polymeren löslich sind, können die Fäden aus Lösungen ersponnen werden. Praktisch wurde dieses Verfahren aber bisher noch nicht realisiert [60].

Erwähnenswert sind die Polyakrylate, das sind Polyester zweiwertiger Phenole mit aromatischen Dicarbonsäuren [61].

Von den Polyakrylaten sind am bekanntesten die auf der Basis von Phenolphthalein und Iso- bzw. Terephthalsäure. Die relativ hohen Schmelztemperaturen, die Löslichkeit in vielen Lösungsmitteln und die Möglichkeit der Durchführung chemischer Reaktionen zur Verbesserung der thermischen Beständigkeit begründen ein gewisses Interesse an den Polyakrylaten.

Die Firma Du Pont hat z. B. einen Faserstoff auf der Basis von Isophthalsäure und Phenolphthalein entwickelt [61].

In der Literatur wurden Versuche zur Herstellung von thermisch beständigen spinnfähigen Polyesterpolymeren beschrieben. Unter anderem wurde das Poly(hexafluoropentamethylenisophthalat) synthetisiert, das unter iner-

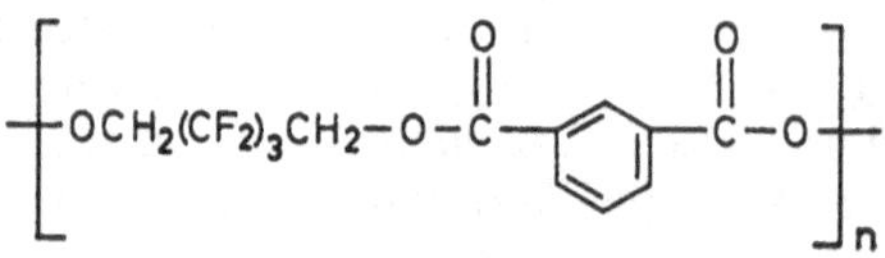

ten Bedingungen bis 480 °C beständig ist. Aus dem farblosen geschmolzenen Polymeren konnten Fasern mit grobem Titer ersponnen werden. Aus Hexafluorpentandiol und 1,5-Bis(p-carbonylphenoxy)pentan wurde ein Polyester erhalten, der aromatisch-aliphatische Äthergruppen gemischt enthält. Das Polymere ist bis 480 °C im Heliumgasstrom thermisch stabil.

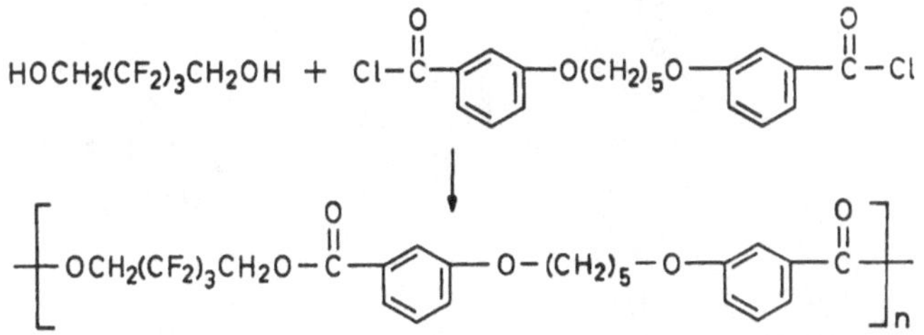

In Anbetracht der relativen Instabilität der einfachen gemischten Äther war die gute thermische Stabilität dieser Polyester nicht erwartet worden.

Ein extrem stabiler gemischter Polyestertyp ist das Hexafluorpentamethylenoxybisbenzonat, das sich erst oberhalb von 500—525 °C zersetzt [62].

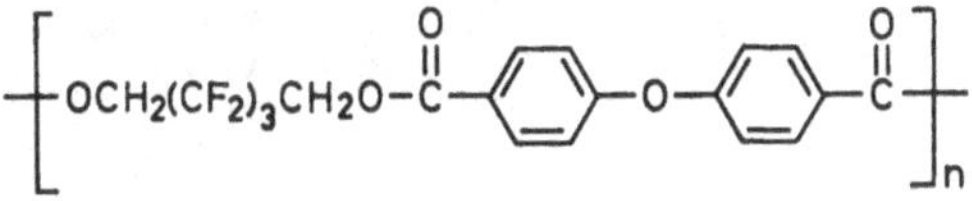

In den letzten Jahren haben die sog. Polyesterimide an Bedeutung gewonnen; das sind Polyesterverbindungen, bei denen ein mehr oder weniger großer Anteil der Esterbindungen durch Imidbindungen ersetzt sind. In ihrer Wärmebeständigkeit liegen sie zwischen den Polyestern (350 °C) und den Polyimiden (500 °C). Polyesterimide lassen sich u. a. darstellen, indem man zunächst auf Pyromellithsäureanhydrid oder Trimellithsäureanhydrid Aminoalkohole oder Aminocarbonsäuren einwirken läßt. Anschließend werden die erhaltenen Imidalkohole oder Imidcarbonsäuren miteinander oder mit anderen Dicarbonsäuren bzw. Diolen polykondensiert. Die Ausgangsstoffe zur Darstellung von Polyesterimiden werden nach folgenden Reaktionen erhalten:

I

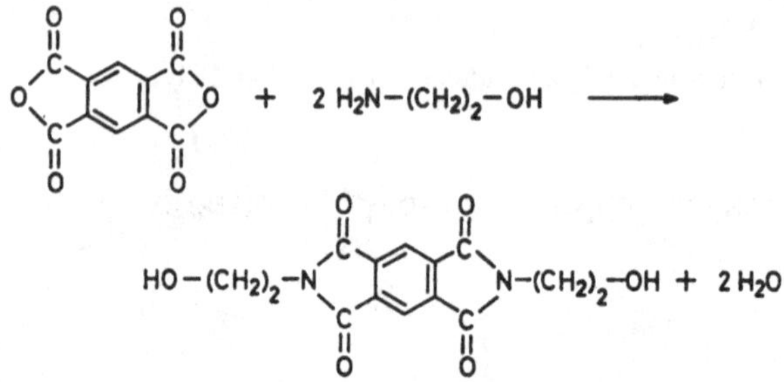

II

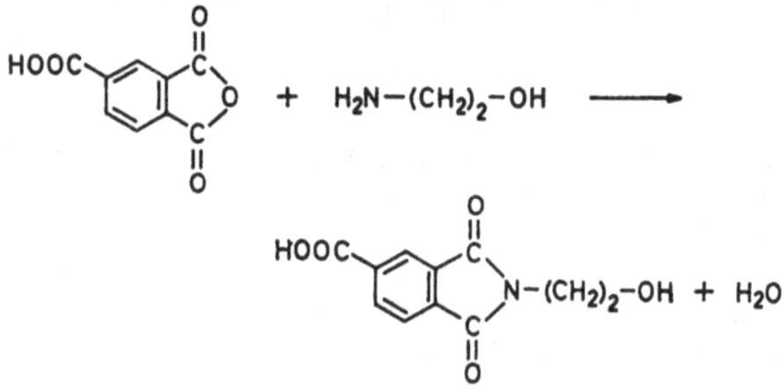

III

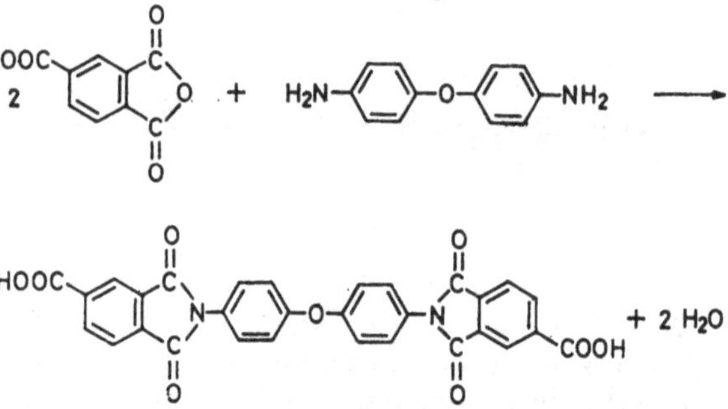

IV

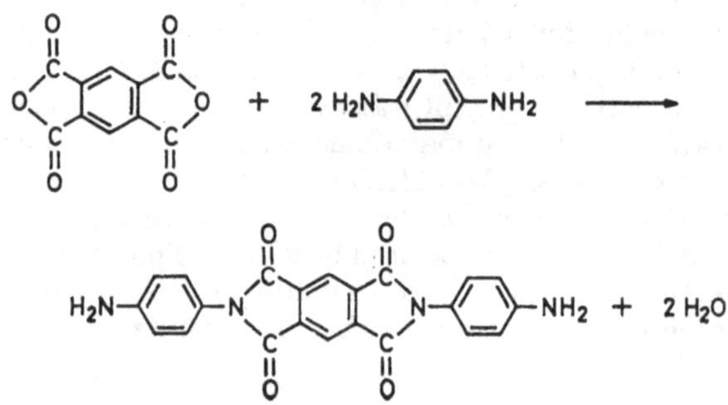

In der Praxis werden aus solchen oder ähnlichen Verbindungen unter Mitverwendung trifunktioneller Verbindungen zunächst Polykondensate mit relativ niedrigem Molekulargewicht hergestellt, so daß sich 40—50%ige Lösungen noch gut verarbeiten lassen. Sie lassen sich unter anderem aus der Pistole verspritzen. Die aufgetragene Lacklösung wird bei 150—200 °C eingebrannt, hierbei entstehen durch weitere Kondensation vernetzte unlösliche Lacküberzüge [63].

Mit der Synthese solcher imid-modifizierter Polyester begann eine Entwicklung, die in den vergangenen Jahren zu Lackdrähten wesentlich höherer Temperaturbeständigkeit führte. Als „Imidbildner" lassen sich grundsätzlich Gemische von Carbonsäuren und Aminen unter folgenden Voraussetzungen verwenden:

1. Aromatische Carbonsäuren sowie deren Ester oder Anhydride müssen mindestens zwei artbeständige Carboxylgruppen bzw. Estergruppen oder mindestens eine cyclische Anhydridgruppe und außerdem mindestens eine zur Esterbildung befähigte funktionelle Gruppe aufweisen, wie z. B. Trimellithsäure, Pyromellithsäure oder Naphthalin-1,4,5,8-tetracarbonsäure.

2. Amine, vorzugsweise aromatische, müssen mindestesn eine Aminogruppe und außerdem mindestens eine zur Esterbildung befähigte funktionelle Gruppe enthalten, wie z. B. 4.4′-Diaminodiphenylmethan, p-Phenylendiamin, p-Aminobenzoesäure, Aminoäthylalkohol oder Aminoessigsäure.

Nachdem in den Abschn. 2.2.2. und 2.2.3. dargelegt wurde, wie die Temperaturbeständigkeit durch aromatische Strukturgruppen im Makromolekül verbessert werden kann, muß hier darauf hingewiesen werden, daß abgesehen von den Polyamiden die Moleküle der übrigen Polymeren aber auch Schwachstellen aufweisen. Es handelt sich vorwiegend um die Verknüpfungsstellen der Ausgangsverbindungen im Makromolekül, wie z. B. die Esterbindungen im Polyesterimid. Schwachstellen haben aber auch andere thermisch labile Gruppen, wie die Methylengruppen der Diaminodiphenylmethangruppierung in den Polyesterimiden und in den Polyamidimiden.

Die Vernetzung der Makromoleküle bei Polyestern und Polyesterimiden erhöht zwar die Temperaturbeständigkeit, reicht aber wegen der Schwachstellen bei sehr hohen Temperaturen für eine praktische Verwendung nicht aus.

Heterocyclische Verknüpfungen allerdings führen zu beträchtlichen Verbesserungen der thermischen Beständigkeit und der Formbeständigkeit bei hohen Temperaturen.

2.3. Polyheterocyclische Faserstoffe

Temperaturbeständige Faserstoffe herzustellen, ist u. a. deshalb schwierig, weil sehr viele Ausgangspolymere nicht schmelzen bzw. sich in den üblichen Lösungsmitteln nicht lösen. Aus diesem Grunde lassen sie sich auch nicht nach gebräuchlichen Verfahren zu Faserstoffen verspinnen.

Man wendet deshalb einen Zweistufenprozeß an:

1. Der Faserstoff wird aus einer Zwischenverbindung ersponnen, die keine hohe thermische Beständigkeit aufweist, sich aber löst oder beim Erwärmen in den fließbaren Zustand übergeht.

2. Der entsprechend Ziffer 1 gefertigte Faserstoff wird thermisch oder chemisch in einer solchen Weise behandelt, daß dabei die Schmelzbarkeit oder Löslichkeit verlorengeht und eine relativ hohe Temperaturbeständigkeit erreicht wird.

Nach diesem Prinzip werden gegenwärtig zahlreiche thermisch beständige Faserstoffe hergestellt, deren Eigenschaften in Tab. 24 aufgeführt sind.

Bei einem Teil der in Tab. 24 angeführten Faserstoffe erbringt die Herstellung jedoch keinen praktischen Nutzen. Denn bei einigen lassen sich die Monomeren nur mit großen Schwierigkeiten erzeugen, so z. B. bei

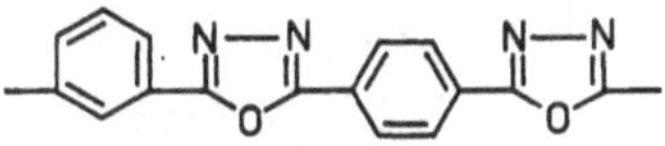

Polyoxadiazol (I)

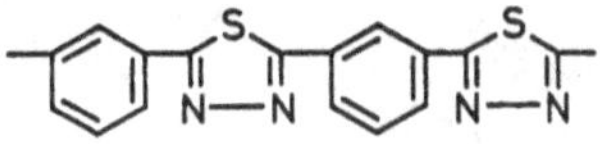

Polythiadiazol (II)

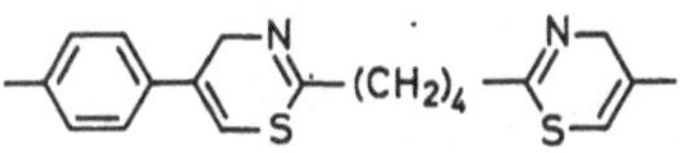

Polythiazol (III)

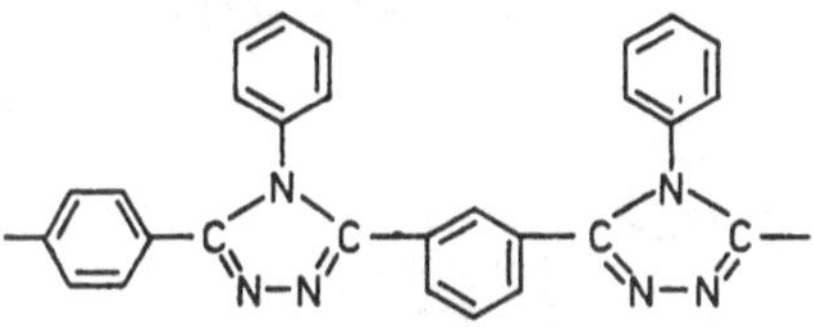

Poly(phenylen)triazol (IV)

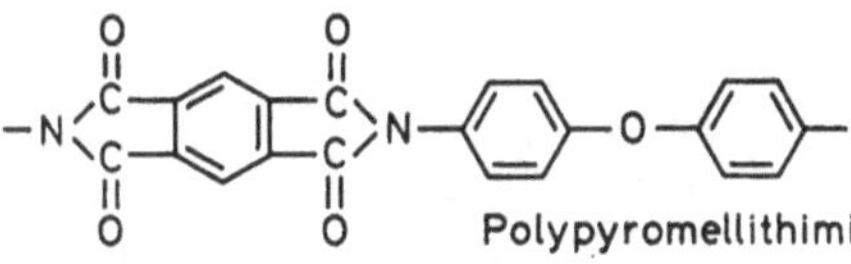

Polypyromellithimid (V)

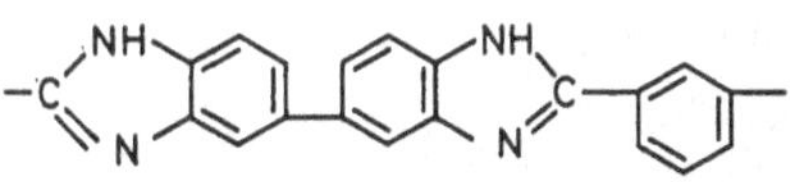

Polybenzimidazol (VI)

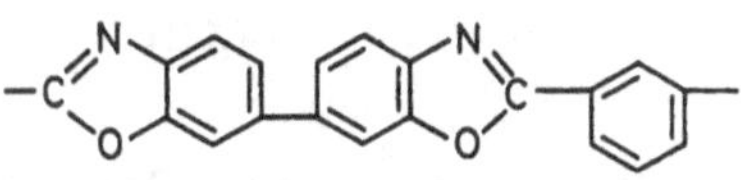

Polybenzoxazol (VII)

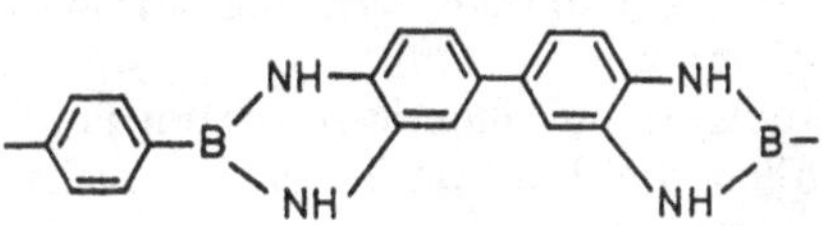

Polybenzborimid-azolin (VIII)

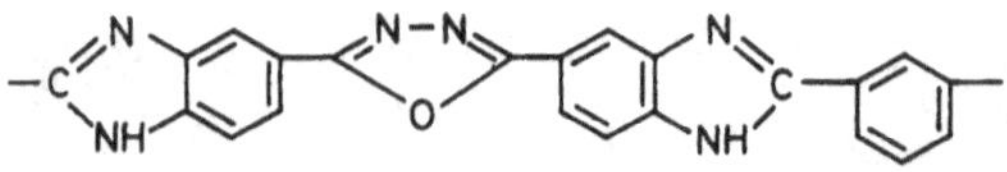

Polybenzimidazol–1.3.4-oxadiazol (IX)

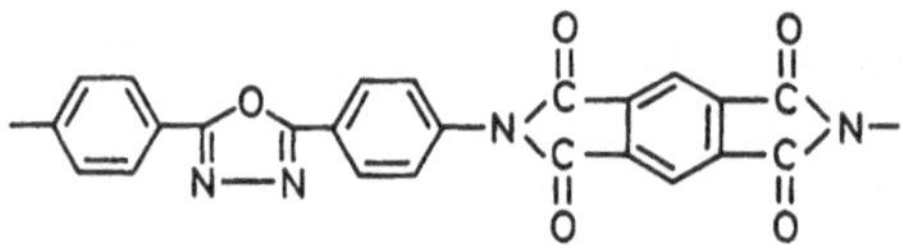

Polyimid–1.3.4–oxadiazol (X)

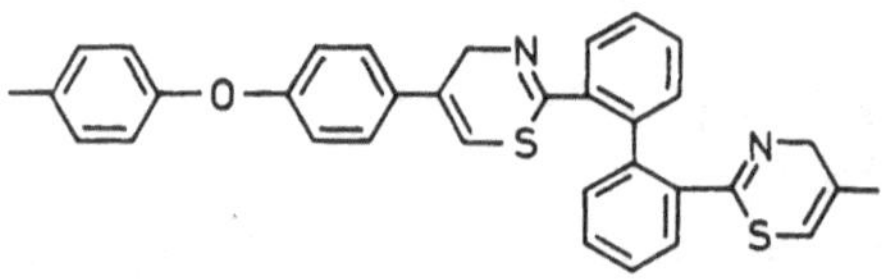

Polythiazol (XI)

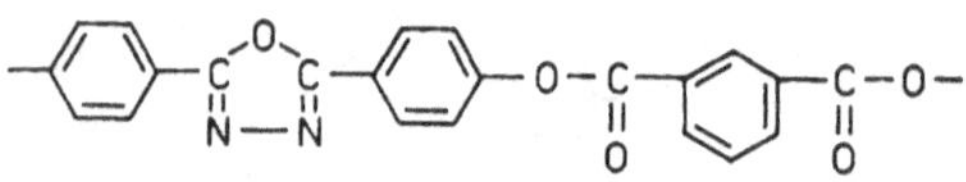

Polyesteroxadiazol (XII)

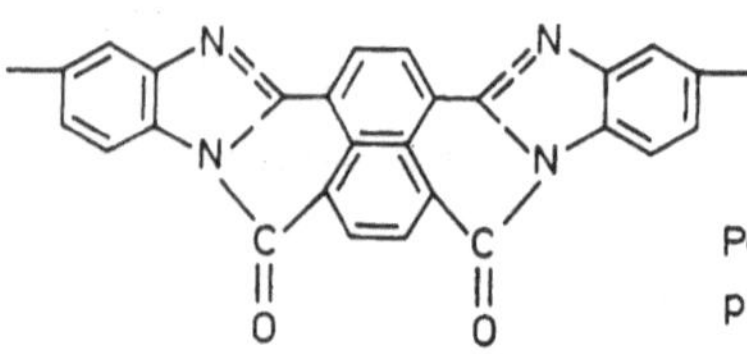

Poly(bis-benzimidazobenzo-phenanthrolon (XIII)

den Polybenzoxazolen; andere weisen keine Vorzüge gegenüber aromatischen Polyamiden auf, die auf einfachere Weise erhältlich sind.

Die thermisch beständigen und chemisch inerten Polymere sind wahrscheinlich die Poly-p-phenylene. Bisher wurde allerdings noch kein praktisches Verfahren zur Herstellung von hochmolekularen, löslichen Poly-p-

Tabelle 24

Eigenschaften von im Zweistufenverfahren erhaltenen Faserstoffen

Ausgangs-polymer	Mechanische Eigenschaften		Wärmebeständigkeit bei 300 °C	Thermostabilität bei 300 °C an der Luft	Literatur
	Festigkeit [p/tex]	Dehnung [%]			
I	20···30	4··· 7	50% Restfestigkeit	bis 1000 Std. beständig	[65]
II	30···31	14	–	über 1000 Std. beständig	[66]
III	29···30	61···64	schmilzt b. 250 °C	Zersetzung b. 487 °C	[67]
IV	25···30	18···13	Temperatur d. Nullfestigkeit 465 °C	Festigkeitsverlust in 24 Std. 30%	[68]
V	40···45	10···12	50% Restfestigkeit	bis 500 Std. 50%	[69]
VI	40···45	20···23	50% Restfestigkeit	bis 500 Std. 50%	[70]
VII	50···55	2··· 4	–	bis 800 °C stabil	[71]
VIII	–	–	–	bis 500 bis 600 °C thermostabil	[72]
IX	Faserstoff nicht beschrieben		erweicht b. 525 °C	desgl. bis 520 °C	[73]
X	Faserstoff nicht beschrieben		erweicht b. 520 °C	desgl. bis 525 °C	[73]
XI	Versuchsfäden erhalten		schmilzt bis 500 °C nicht	–	[74]
XII	Versuchsfäden erhalten		–	–	[75]
XIII	34···35	2,9···4,0	bei 500 °C 50% Restfestigkeit	Zersetzungsbeginn bei 300 bis 350 °C	[76]

phenylenen gefunden. Deshalb sind Fasern aus diesen Polymeren noch nicht bekannt.

Ein Konzept für die Verwendung von heterocyclischen Ringen für einen Teil der Phenylenringe wurde mit positiven Ergebnissen von S. Marvel angewandt [89]. Die Heteroatome der heterocyclischen Ringe in den Polyheterocyclen dienen dabei als Lösungsvermittler. Manche Polyheterocyclen sind fast unlöslich, aber doch löslich genug, um als Vorstufe für ein thermisch beständiges Polymer und damit für die Verarbeitung zu Fasern zu dienen.

Im folgenden soll auf einige praktisch wichtige Faserstofftypen eingegangen werden.

2.3.1. *Polyoxadiazol-Faserstoffe*

Diese Faserstoffe werden aus Polyhydraziden gewonnen. Man erhält sie aus aromatischen Dicarbonsäurechloriden und aromatischen Dicarbonsäurehydraziden in einem Amidlösungsmittel (Hexamethylphosphorsäureamid) nach folgendem Schema:

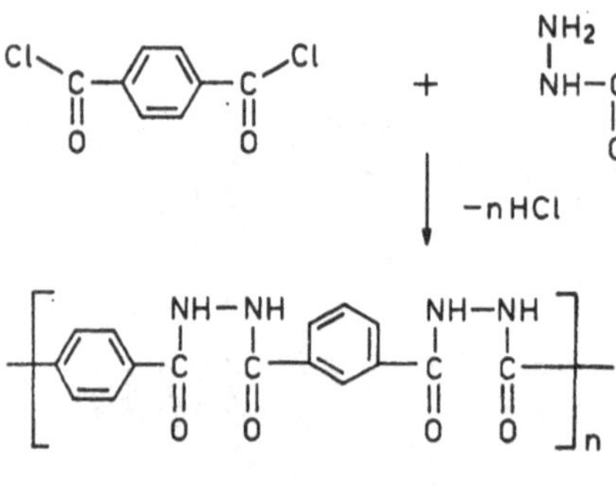

Diese aromatischen Polyhydrazide können als Polyamide mit Hydrazin als Diamin-Komponente betrachtet werden. Sie unterscheiden sich von aliphatischen Polyhydraziden in Schmelztemperatur und Löslichkeit: Aliphatische Polyhydrazide schmelzen zwischen 200 und 300 °C und lösen sich nicht in DMSO und DMF. Aromatische Polyhydrazide sind in DMSO und DMF löslich, dies ermöglicht die Herstellung von Fasern.

Da die Polyhydrazide u. a. in Dimethylsulfoxid und Dimethylformamid löslich sind, können sie auf nassem oder trockenem Wege zu Fäden verarbeitet werden. Nach dem Erspinnen werden die Fäden mit einem Spezialkatalysator (~1 Mol-% Benzolsulfonsäure) $C_6H_5SO_3H$ und Benzolphosphorsäure $C_6H_5P(OH)_2$ und Benzolborsäure $C_6H_5B(OH)_2$ getränkt und einer längeren thermischen Behandlung (40 bis 70 Std.) bei 200 bis 300 °C unterzogen.

Es wird folgende Ringschlußreaktion diskutiert:

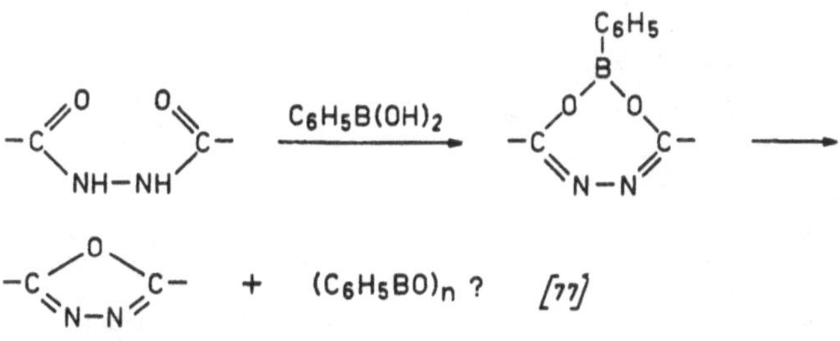

[77]

Bei diesem Vorgang verlieren die Fäden ihre Löslichkeit und werden temperaturbeständig [65, 77]. Es finden folgende Umwandlungen statt:

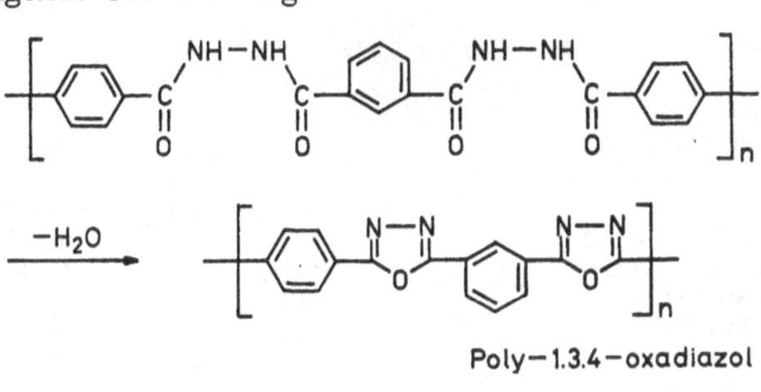

Poly-1.3.4-oxadiazol

Die Polyoxadiazol-Faserstoffe sind wegen ihrer hohen thermischen Beständigkeit bemerkenswert. Die Fasern zeigen noch 60% ihrer ursprünglichen Festigkeit, nachdem sie 24 Stunden in Luft bei 400 °C erhitzt worden sind. Erwärmung dieser Faserstoffe auf 300 °C während 700 Stunden führt zu einem Festigkeitsabfall von nur 50%.

Keiner der bekannten organischen Faserstoffe weist eine derartige Temperaturbeständigkeit auf. Die Fasern dieses Typs haben Festigkeiten von 4 g/den und einen Modul-Wert von 164 g/den bei einer Prüftemperatur von 300 °C. Von 10%iger Natronlauge und von 10%iger Schwefelsäure werden sie nicht angegriffen.

In Tab. 25 sind die physikalischen Eigenschaften von Fasern aus Polyoxadiazol zusammengestellt.

Tabelle 25

Physikalische Eigenschaften von Polyoxadiazol-Fasern [60]

gestreckt		
Titer	[den]	3,0
Reißfestigkeit	[g/den]	4
Bruchdehnung	[%]	3,1
Elastizitätsmodul	[g/den]	164
gekräuselt		
Titer	[den]	3,9
Reißfestigkeit	[g/den]	1,8
Bruchdehnung	[%]	2,8
geknetet		
Titer	[den]	3,0
Reißfestigkeit	[g/den]	2,3
Bruchdehnung	[%]	2,8
Elastizitätsmodul	[g/den]	79
Röntgenkristallinität		gering
Röntgenorientierung	[Grad]	31 – 38
Sauerstoffgehalt	[%]	
berechnet		11,1
gefunden		12,1

In verschiedenen Veröffentlichungen wurde berichtet, daß durch den Einbau eines Carboranringes in die Polymerkette — entweder in die Hauptkette oder als Seitensubstituent — ein merklicher Anstieg der thermischen Stabilität des betreffenden Polymeren erreicht werden konnte.

Der Arbeitsgruppe von V. V. Koršak gelang es, in die Polymerkette aromatischer Triazole, die sich durch hohe thermische Stabilität und schlechte Löslichkeit in organischen Lösungsmitteln auszeichnen, einen Carboranring einzubauen. Zu diesem Zweck wurde in Polyphosphorsäure als Reaktionsmedium ein Poly-(p-phenylen)-1.2.4-(4-phenylen-carboran)triazol synthetisiert, indem der Oxadiazol-Sauerstoff der Poly-(p-phenylen)-1.3.4-oxadiazole durch Aminophenylcarboran substituiert wurde:

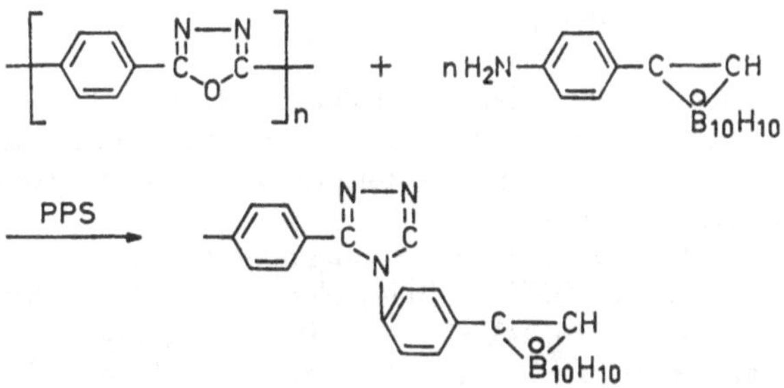

Das aromatische Poly-1.3.4-oxadiazol in PPS*) wirkt gleichzeitig als Lösungsmittel und Dehydratisierungsagens. Die angegebene Zusammensetzung des entstandenen Polymeren wurde anhand seines Borgehaltes bestimmt. Der maximale Umwandlungsgrad von Polyoxadiazol in Carboran-polytriazol wurde bei 225 bis 230 °C nach 10 Std. erreicht. Eine weitere Verlängerung der Reaktionszeit hatte einen Abbau des Polymeren zur Folge. Unter optimalen Reaktionsbedingungen erhält

*) PPS = Polyphosphorsäure

man ein Polymeres mit einem Borgehalt von 20—21%. Der theoretische Wert liegt aber bei 29,9% Bor. Demnach ist keine vollständige Umsetzung des Polyoxadiazols in das Carboran-polytriazol erfolgt. Mithin ist das anfallende Polymere kein Homopolymeres, sondern ein Copolymeres des Poly-(p-phenylen)-1.3.4-oxadiazols und des Poly-(p-phenylen)-1.2.4-(4-phenylencarboran)-triazols folgender Zusammensetzung:

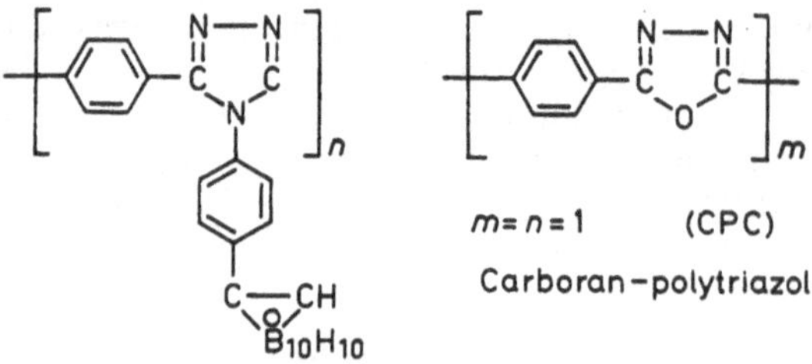

$m = n = 1$ (CPC)

Carboran-polytriazol-Copolymer

Offenbar stehen der vollständigen Umwandlung des Polyoxadiazols in das Polytriazol sterische Hinderungen entgegen, die auf die voluminösen Carborangruppen zurückzuführen sind.

Das CPC*) löst sich gut in Lösungsmitteln vom Amidtyp, wie z. B. DMF, Dimethylacetamid, N-Methyl-2-pyrrolidon und in DMSO. Aus diesen Lösungen lassen sich aus dem CPC Fasern erspinnen. Das Poly-(p-phenylen)-1.3.4-oxadiazol, aus dem das CPC hergestellt wird, löst sich nur in konzentrierter H_2SO_4. Mit zunehmendem Einbau der raumerfüllenden Carborangruppen in die Poly-(p-phenylen)-1.3.4-oxadiazol-Kette ist ein allmähliches Absinken der Löslichkeit des Polymeren in der konzentrierten H_2SO_4 zu beobachten, dafür nimmt aber die Löslichkeit in organischen Lösungsmitteln zu. Eine merkbare Erhöhung der thermischen Beständigkeit des CPC gegenüber dem Ausgangspolymeren konnte nicht festgestellt werden [84].

*) CPC = Carboranpolytriazol-Copolymer

Desweiteren wurde der Einfluß, den der Einbau zweier isomerer Carboranverbindungen (Ortho- und Neocarboran) in die Polymerkette auf die Eigenschaften der dabei entstehenden Copolymeren ausübt, untersucht. Zu diesem Zweck wurden außer den Copolymeren aus Poly-(p-phenylen)-1.3.4-oxadiazol und Poly-(p-phenylen)-1.2.4-(4-phenylenorthocarboran)triazol noch andere, Neocarboran- oder Orthocarboranringe enthaltende Copolymere dargestellt. Die Synthese erfolgt ebenfalls über eine Substitution des Sauerstoffatoms in den Poly-1.3.4-oxadiazolen durch Aminophenylorthocarboran- oder Aminophenylneocarborangruppen in Polyphosphorsäure (PPS) nach folgendem Schema:

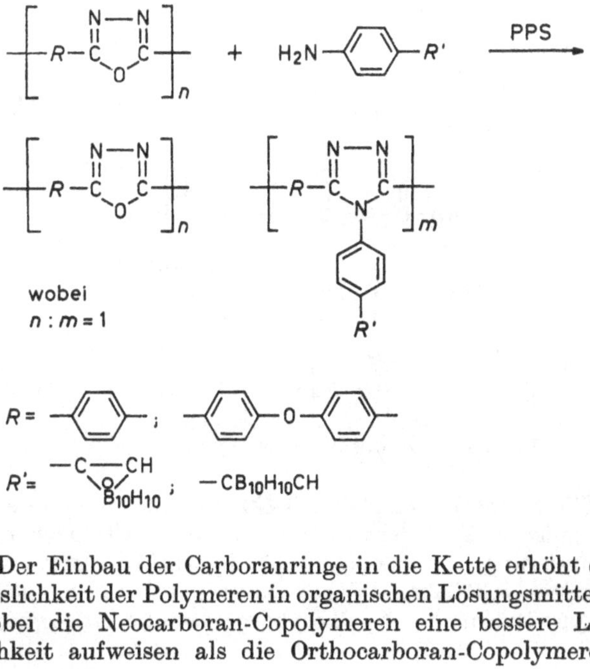

Der Einbau der Carboranringe in die Kette erhöht die Löslichkeit der Polymeren in organischen Lösungsmitteln, wobei die Neocarboran-Copolymeren eine bessere Löslichkeit aufweisen als die Orthocarboran-Copolymeren.

Die Neocarboran-Copolymeren übertreffen die Orthocarboran-Copolymeren in der thermischen Beständigkeit um 20—30 °C [85].

2.3.2. *Polythiadiazol-Faserstoffe*

In Analogie zu den Verfahren bei der Erzeugung von Polyoxadiazol-Faserstoffen wurden von Du Pont, USA, aus Poly-1.3.4-thiadiazol-Polymeren Fasern hergestellt. Auch die Herstellung dieser Fasern erfolgt in zwei Stufen nach folgendem Schema:

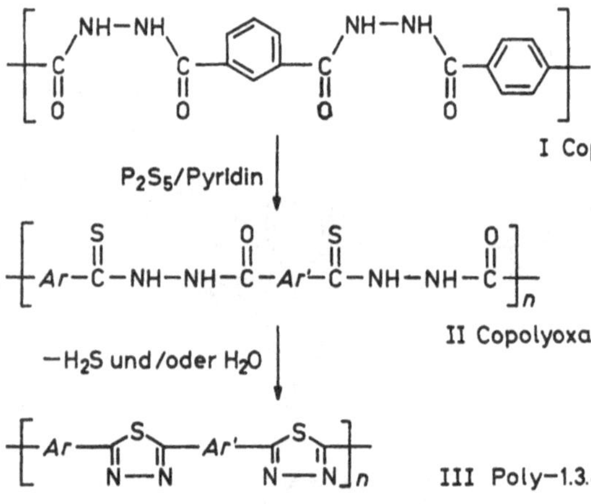

I Copolyhydrazid

II Copolyoxathiahydrazid

III Poly-1.3.4-thiadiazol

Ar = p-Phenylen; *Ar'* = m-Phenylen

Die aromatischen Poly-1.3.4-thiadiazole werden durch thermische Cyclodehydratisierung bzw. Cyclodehydrosulfurierung von Copolyoxathiahydraziden gewonnen. Letztere erhält man durch Kochen von aromatischen Polyhydraziden mit Phosphorpentasulfid in Pyridin [78].

Man kann auch direkt vom Copolyhydrazid zum Copolydithiahydrazid kommen und zwar durch ein entsprechend längeres Kochen mit Phosphorpentasulfid.

I Copolyhydrazid

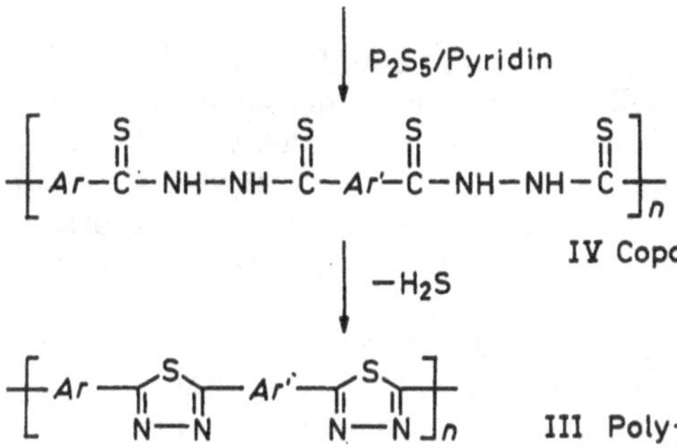

IV Copolydithiahydrazid

III Poly-1.3.4-thiadiazol

Ar = p-Phenylen; *Ar'* = m-Phenylen

Zuerst wird das aromatische Polyoxathiahydrazid (II) hergestellt und zur Faser verformt und dann erfolgt die Cyclokondensation durch eine thermische Nachbehandlung. Die fertige Faser hat eine Festigkeit von 3,5 g/den bei 15% Dehnung und einem Modulwert von 78 g/den. Sie zeichnet sich durch eine sehr gute Widerstandsfähigkeit gegen thermischen Abbau aus; man kann sie 144 Stunden auf 300 °C erhitzen, wobei der Festigkeitsabfall nur 8% beträgt. Ihre Null-Festigkeitstemperatur liegt bei 475 °C. Die Faser ist nicht entflammbar und stabil gegen wäßrige Säuren und Alkalien, löslich ist sie in heißer konzentrierter Schwefelsäure [56].

2.3.3. *Polyphenylentriazol-Faserstoffe*

Von der Chemstrand Corp. wurde ein neuer Fasertyp auf der Basis von Polyphenylentriazol-Polymeren entwickelt.

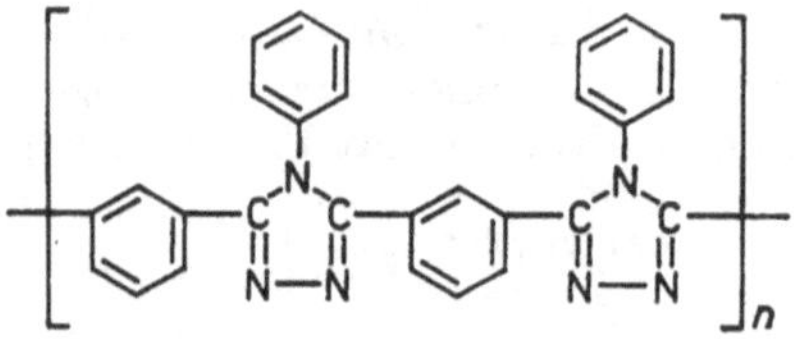

Dieses Polymere wird durch eine Cyclokondensationsreaktion hergestellt, in der das Polyphenylenhydrazid in das hochpolymere Poly-3.5(m, p-phenylen-)4-phenyl-1.2.4-triazol umgewandelt wird. Das Hydrazid erhält man durch Umsetzung einer Dicarbonsäure mit Hydrazinsulfat und Anilin in Polyphosphorsäure nach einem Einstufenverfahren [79].

Das Verspinnen dieser Polytriazole erfolgt aus ihren Lösungen in Ameisensäure, und zwar sowohl nach dem Naß- als auch nach dem Trockenspinnverfahren. Diese Fasern zeigen einen hohen Grad von Orientierung und Kristallinität. Das Verstrecken erfolgt bei Temperaturen von 300 °C und höher. Sie sind auch bei längerem Erhitzen auf 300 °C stabil, ihre Einfriertemperatur liegt bei 260 °C. Neben Fasern lassen sich auch Filme herstellen, die zwar zäh sind, aber eine ausgezeichnete Festigkeit und Formbeständigkeit bei höheren Temperaturen aufweisen. Die Hitzebeständigkeit ist besonders nach dem Tempern bei 300 °C beachtlich: man erreicht eine Bruchtemperatur von 425 °C bei 0,1 g/den Belastung.

In Tab. 26 sind die physikalischen Eigenschaften von Filmen aus Poly-(m/p-phenylen-4-phenyltriazol) aufgeführt.

Tabelle 26

Physikalische Eigenschaften von Filmen aus Poly-(m/p-phenylen-4-phenyltriazol)

Zugfestigkeit	[kp/cm²]	647
Bruchdehnung	[%]	13
Elastizitätsmodul	[kp/cm²]	9492
Erweichungstemperatur	[°C]	310–320
Bruchtemperatur*)	[°C]	423
Verglasungstemperatur	[°C]	280

*) bei 1,4 pk/cm² Belastung

Während sich das Poly-(m-phenylen-4-phenyltriazol) in Ameisensäure löst und sich gut zu Fasern verspinnen läßt, ist das Poly-(m-phenylen)-p,p'-biphenylen-4-phenyltriazol unlöslich und daher keine Fasererspinnung möglich.

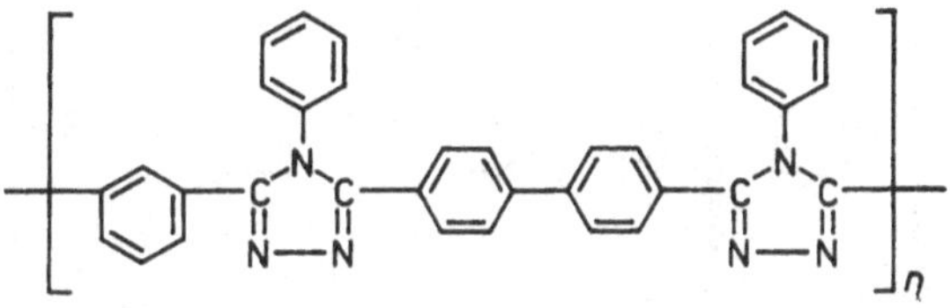

Diese Unlöslichkeit ist wahrscheinlich auf die größere Steifheit der p-Biphenylengruppen zurückzuführen [60].

Die Leichtigkeit ihrer Herstellung und ihre hohe thermische Beständigkeit empfehlen die Phenyltriazole zu Materialien, die für die Herstellung von Filmen, Schutzüberzügen und für die elektrische Isolierung besonders gut geeignet sind.

2.3.4. *Polyimid-Faserstoffe*

Die Polyimide gehören zu den wichtigsten hochtemperaturbeständigen Polymeren, die bereits praktisch erprobt sind [69]. Hergestellt werden sie aus aromatischen Dicarbonsäureanhydriden und aromatischen Diaminen in zwei Stufen (s. S. 89).

Zunächst wird das Diamin bei Raumtemperatur in DMF gelöst, dann wird unter Rühren bei —5 bis +40 °C das Säureanhydrid zugegeben. Die Reaktionszeit beträgt 1—2 Stunden. Die im ersten Stadium erhaltenen Polyamidosäuren besitzen eine Grenzviskosität von 1,0 bis 1,5 (in DMF bei 20 °C). Im zweiten Stadium erfolgt dann Cyclisierung der Polyamidosäure. Die Lösungen dieser Polyamidosäuren sind unmittelbar zur Herstellung verschiedener Überzüge oder zur Verarbeitung zu Fasern geeignet. Beim Erhitzen auf Temperaturen

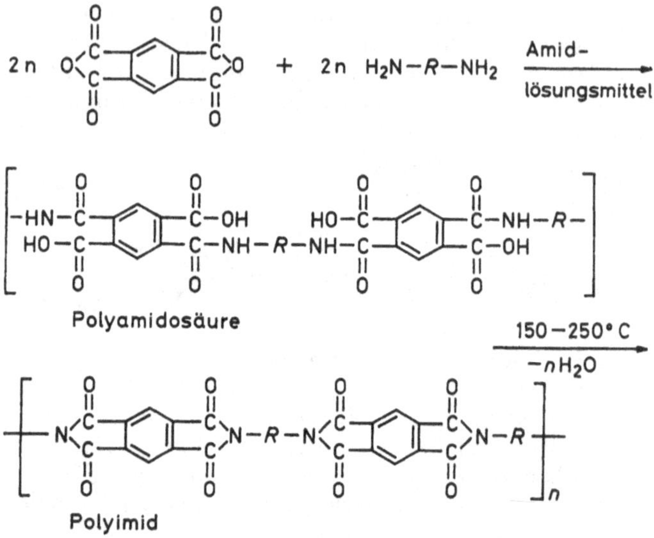

über 150 °C geht die Polyamidosäure in ein unschmelzbares und in keinem bekannten Lösungsmittel lösliches Polyimid über. Die Polyimide besitzen eine hohe Wärmebeständigkeit und gute thermische Stabilität.

Ein Vergleich der thermischen Beständigkeit der Polyamide und Polyimide zeigt, daß die letzteren beim Erhitzen an Luft etwas beständiger sind als die Polyamide. Die maximale Zersetzungstemperatur nimmt bei den Polyimiden auf 620 bis 640 °C zu, wobei hier die gleiche Gesetzmäßigkeit zu verzeichnen ist, wie bei den Polyamiden. Strukturen mit gleichen Bindegliedern sind thermisch beständiger als solche mit biegsamen „Gelenk-Gliedern“ (O, S, SO_2, CO u. a.).

Vergleicht man die Eigenschaften von Polyamiden und Polyimiden mit gleichartigen „Gelenk-Bindegliedern“, so zeigt sich, daß die Einführung biegsamer linearer Bindungen die thermische Beständigkeit der Polyamide in stärkerem Maße herabgesetzt als die der

Tabelle 27

Thermische Beständigkeit von aromatischen Polyimiden

lfd. Nr.	Formel des Grundbausteins	Masseverlust [%] bei der Temperatur [°C] 200	300	400	500	550	Temperatur der max. Abbaugeschwindigkeit
I	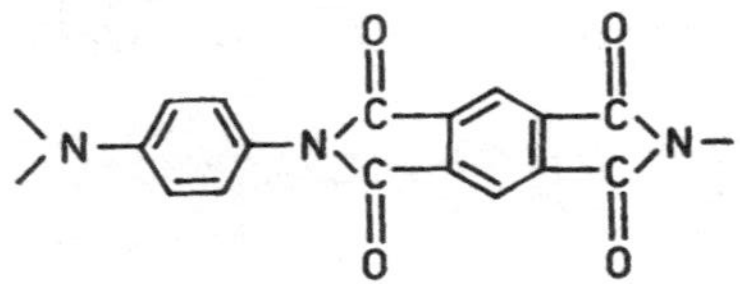	3	–	–	–	30,0	590–600
II	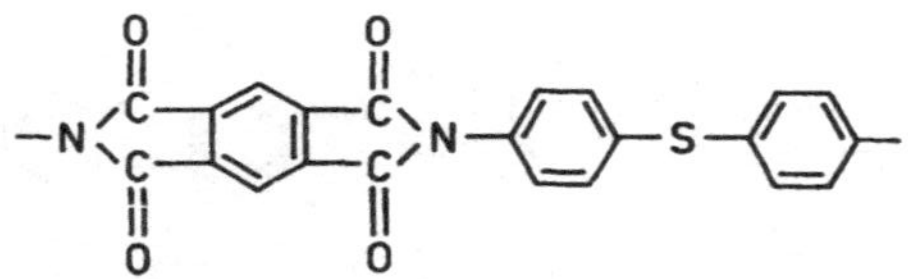	3	4,1	5,1	8,3	15,8	575
III	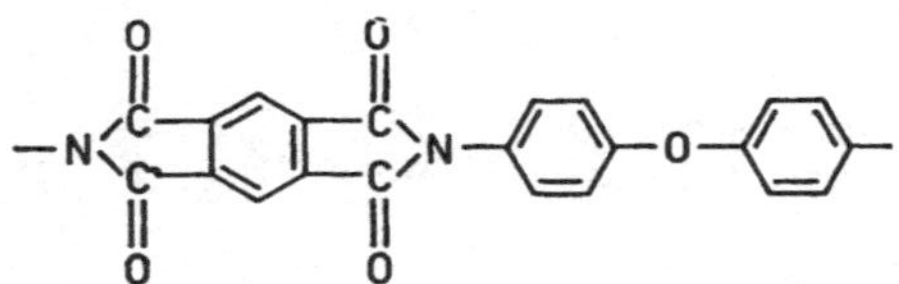	1,1	2,2	4,4	20	43	520
IV	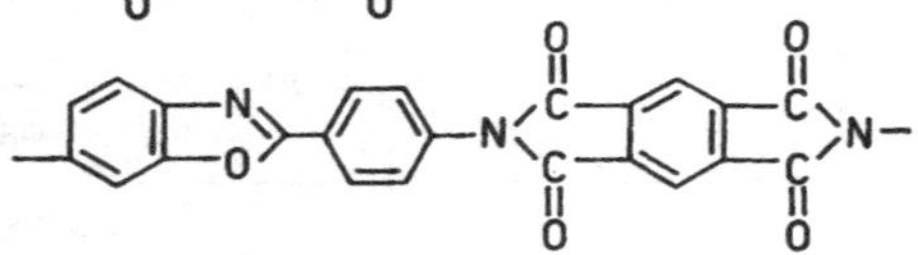	0	0	2	8	23	580

Tabelle 27 (Forts.)

lfd. Nr.	Formel des Grundbausteins	Masseverlust [%] bei der Temperatur [°C] 200	300	400	500	550	Temperatur der max. Abbaugeschwindigkeit
V	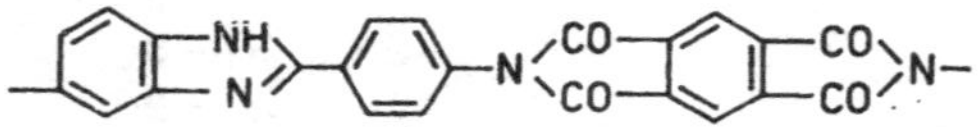	5	5,5	7	12	18	580
VI	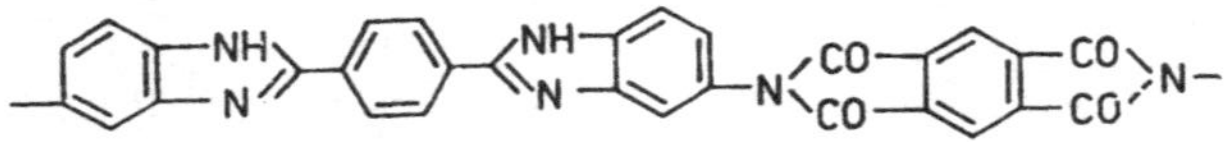	–	–	0,75	7	12,5	530
VII	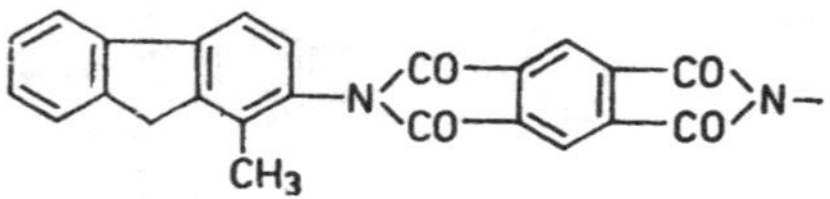	1,1	2,3	4	6,5	11	640
VIII	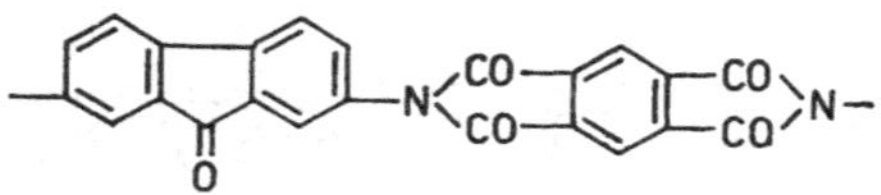	2	3	7	12,5	27	620
IX	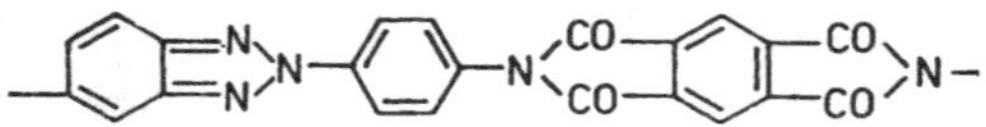	0	0	2	10	15	610

*) Die gute Wärmeformbeständigkeit und die thermische Stabilität dieser Polyimid-Polymeren ergibt sich aus der Ringstruktur und dem Fehlen aliphatischer C–C- und C–H-Bindungen sowie anderer beweglicher, wärme- und oxydationsempfindlicher Gruppen.

Polyimide. Im Falle cyclischer Bindeglieder sind derartige Gesetzmäßigkeiten nicht zu beobachten.

Von allen untersuchten Polyimiden sind diejenigen thermisch am beständigsten, die Fluoren-, Fluorenon- und Triazolringe enthalten. Ihre maximale Zersetzungstemperatur erreicht 620–640 °C.

In der Tab. 27 werden die thermischen Beständigkeitswerte von einigen wichtigen Polyimiden aufgeführt [80].

Die Fasern vom Polyimidtyp sind in starken Basen hydrolytisch nicht beständig, besitzen jedoch eine mittlere Beständigkeit gegenüber schwachen Basen. Im Gegensatz dazu besitzen die Polyamidtypen ausgezeichnete Beständigkeit gegenüber Säuren und Basen.

Polyimide sind beständig gegen aliphatische und aromatische Kohlenwasserstoffe sowie gegen Ester und Äther. Längere Einwirkung von Dampf oder heißem Wasser können zu einer beträchtlichen Abnahme der mechanischen Festigkeit führen. Die guten elektrischen Eigenschaften werden auch bei hohen Temperaturen nicht wesentlich geändert [82].

In der Tab. 28 sind die wichtigsten elektrischen Eigenschaften von Polyimid-Folien (Fasern) angegeben.

Polyimide sind im allgemeinen wenig lichtbeständig, ausgenommen die Polybenzoxazolbenzophenonimid-Fa-

Tabelle 28

Elektrische Angaben für Polyimid-Folien (Fasern)

Dielektrizitätszahl	
bei 10^3 Hz/25 °C	3,5
bei 10^3 Hz/200 °C	3,0
Dielektrischer Verlustfaktor	
bei 10^3 Hz/25 °C	0,003
bei 10^3 Hz/200 °C	0,002
Durchschlagfestigkeit	280 kV/mm
Durchgangswiderstand	
bei 25 °C	10^{18} Ohm · cm
bei 200 °C	10^{14} Ohm · cm

ser, die eine hervorragende Hitze- und Lichtbeständigkeit aufweist [81].

In Tab. 29 sind Angaben enthalten zur thermischen Stabilität einiger Polyimide aus Pyromellithsäureanhydrid und verschiedenen Diaminen mit der allgemeinen Formel

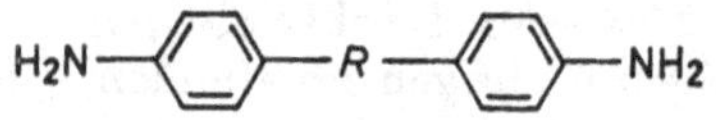

Tabelle 29

Relative thermische Beständigkeit von Polyimiden aus verschiedenen Diaminen

Typ *R* des Diamins	Masseverlust [%] des Polymeren bei 350°C während			
	100 Std.	200 Std.	300 Std.	400 Std.
$-O-$	3,3	4,0	5,9	6,6
$-$	2,2	3,6	5,1	6,5
$-S-$	4,8	5,8	6,8	7,9
$-SO_2-$	innerhalb von 720 Std. bei 300 °C keine Abnahme der mechanischen Festigkeit zu verzeichnen			
$-OC-$ ‖ O	3,3	5,7	7,6	9,7
$-NHCO-$	5,7	8,4	11,9	12,1
$-CH_2-$	9,4	12,9	14,7	16,8
CH_3 $-C-$ CH_3	16,1	26,2	31,0	36,0

Im Labormaßstab wurde ein Faserstoff aus Polypyromellithimid auf der Basis von Pyromellithsäureanhydrid und 4.4'-Diaminodiphenyläther aus 20 bis 30%igen Lösungen der entsprechenden Polyamidsäure in DMF ersponnen.

In eine Lösung von 4.4'-Diaminodiphenyläther in stark polaren Lösungsmitteln (wie DMF, Dimethylacetamid oder N-Methylpyrrolidon) trägt man bei 20—40 °C langsam festes Pyromellithsäureanhydrid ein.

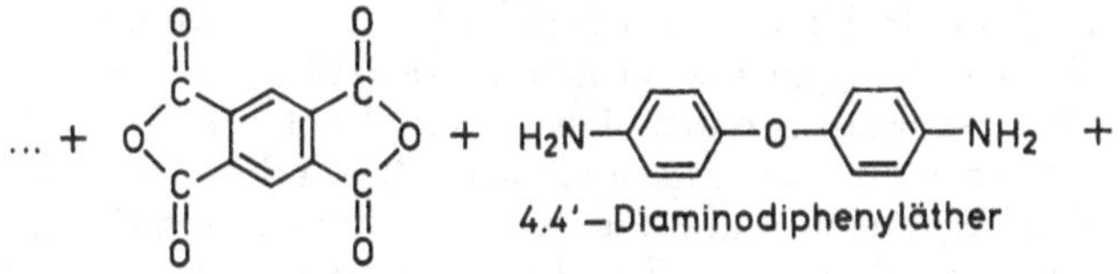

Pyromellithsäuredianhydrid

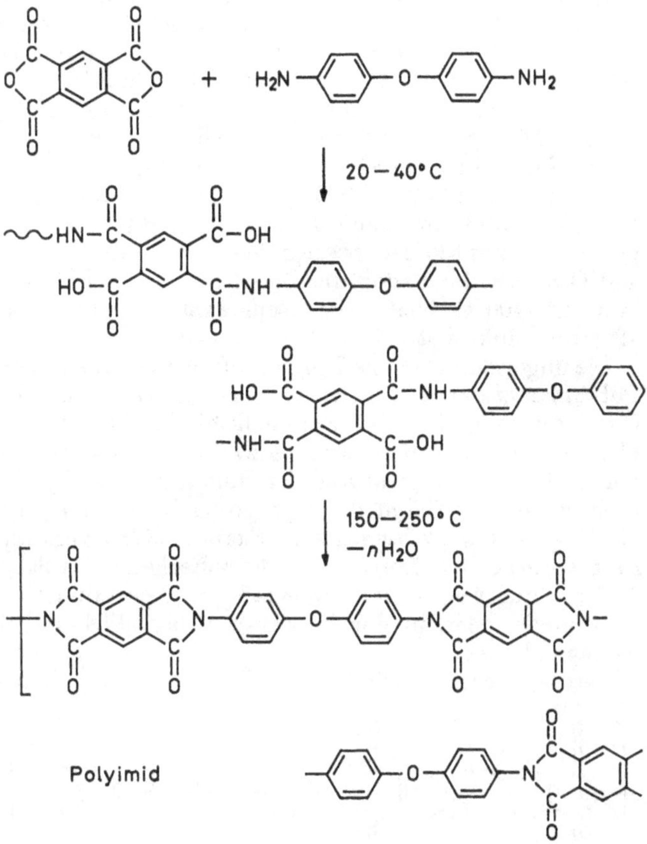

Polyimid

Das Anhydrid reagiert sofort unter Wärmetönung mit dem Diamin, und die Viskosität der Lösung steigt zunächst langsam, dann bei einem Molverhältnis der Komponenten von 1:1 steil an. Man erhält in dieser ersten Reaktionsstufe als lösliche Zwischenstufe eine Polyamidcarbonsäure. Zur Herstellung von Fäden verwendet man 20–30%ige Lösungen der Polyamidsäure in DMF, die bei Zimmertemperatur eine Viskosität von etwa 500 Poise aufweisen. Nach der Verspinnung werden die Fäden durch Erwärmen der Spulen in Argon bei 80 °C, 130 °C und 200 °C getrocknet und vorimidiert.

Die Ausgangsfäden hatten bei 20 °C eine Festigkeit von 1000–1500 kp/cm² und eine Reißdehnung von 25 bis 35%. Nach einer thermischen Behandlung wurde eine Festigkeit von 9000–10000 kp/cm² erreicht. Diese hohe Festigkeit und der hohe Elastizitätsmodul der Polypyromellithimid-Fäden bleiben bis 500 °C erhalten. Bis 400 °C behält der Faden die Elastizität bei; im Bereich von 20–400 °C bleibt die Reißdehnung bei 10 bis 12% und sinkt erst bei 500 °C auf 3–4%.

Die ungewöhnlich hohe Temperaturbeständigkeit dieses Polyimids erklärt sich in chemischer Hinsicht durch die Oxydationsstabilität der Pyromellithimid- und der Diphenylätherstruktureinheiten sowie durch das Nichtvorhandensein temperaturlabiler Bindungen, in physikalischer Hinsicht durch die sehr große Kettensteifigkeit als Folge der teilweise sogar in Kern-an-Kern-Verknüpfung vorliegenden Ringe sowie der zwischenmolekularen Kräfte, die wegen der regelmäßigen Anordnung der polaren Gruppen in der Kette zu voller Wirksamkeit gelangen können.

Ferner wurden Polyimide vom Typ

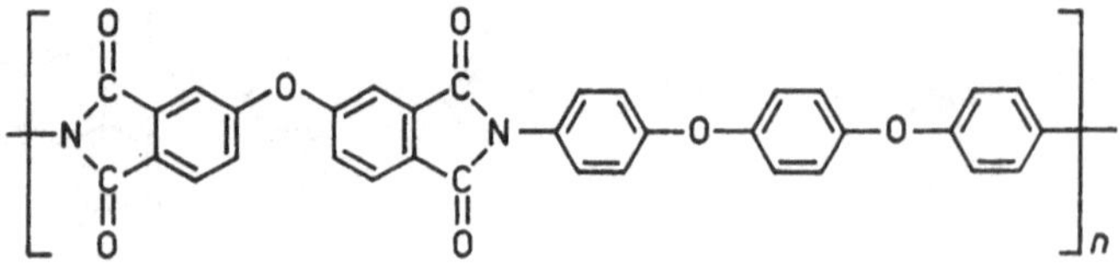

hergestellt aus dem Dianhydrid des 3.3.'4.4'-Tetracarboxydiphenyloxid (DTPh) und dem Bis-(4-aminophenyläther) des Hydrochinons (PhH). Die Fäden wurden auf einer Laborspinnvorrichtung ersponnen. Die Fällbäder enthielten ein- oder mehrwertige Alkohole bzw. deren Gemische.

Die frisch ersponnenen Fäden wurden nach einer Vakuumtrocknung bei Raumtemperatur einer chemisch oder thermisch ausgelösten intramolekularen Cyclisierung (Imidbildung) unterworfen. Die thermische Überführung in das Imid wurde unter Stickstoff bei 330–360 °C vorgenommen. Die Abhängigkeit der mechanischen Eigenschaften des Polyimid-Faserstoffs DTPh/PhH vom angewandten Verfahren der intramolekularen Cyclisierung geht aus Tab. 30 hervor.

Tabelle 30

Einfluß des Verfahrens der Imidbildung auf die mechanischen Eigenschaften des Faserstoffs DTPh/PhH

Verfahren der Imidbildung	Festigkeit [kp/mm²]	Dehnung [%]	Elastizitätsmodul [kp/mm²]	Dichte [g/cm³]	Doppelbiegefestigkeit Zyklen
unbehandelt	30	20	670	–	9000
chemisch behandelt	40	13	600		12000
thermisch behandelt	90	4–10	2000	1,38	21000

Aus diesen Angaben lassen sich die Vorzüge einer durch thermische Behandlung herbeigeführten Imidbildung erkennen. Röntgenographische Untersuchungen zeigen, daß der auf chemischem Wege in das Imid überführte Faserstoff amorph bleibt, während der thermisch behandelte Faserstoff eine geordnete Struktur besitzt. Die thermische Beständigkeit ist relativ gut. Bei einer Erhitzungsdauer an der Luft von 300 °C sind nach 300 Stunden noch 50% Restfestigkeit und nach 600 Stunden ca. 35% Restfestigkeit vorhanden [105].

Offensichtlich ist die Anwendung von Polypyromellithimid-Fäden zur Herstellung von Hochtemperaturcord sowie als Verstärkungsmaterial für Kunststoffe wirtschaftlich aussichtsreich [83].

Wie aus Tab. 29 hervorgeht, erhält man die thermisch stabilsten Polyimid-Faserstoffe vermutlich aus Pyromellithsäureanhydrid und Diaminodiphenylsulfid. Allerdings ist hierüber bisher noch nichts bekannt.

Außer den Polyimid-Fasern haben die Polyimid-Folien und -Kunststoffe auf Grund ihrer hohen Temperaturbeständigkeit, Strahlen- und Lichtstabilität und der sehr guten mechanischen Eigenschaften bereits heute eine große technische Bedeutung. Sowohl die Kunststoffe als auch die Fasern auf Basis Polyimid vertragen Strahlungsdosen bis zu 6000 Megarad ohne Schaden. Auf Grund dieser Eigenschaft wurden und werden sie bereits als Werkstoff für Satelliten und kosmische Raketen eingesetzt [112].

Polyimide stellen auch ausgezeichnete Kleber für Metallverbindungen dar, die über längere Zeit höheren Temperaturen ausgesetzt sind. Von Bedeutung sind Polyimide für Isolierfolien in der Elektroindustrie und für das Lackgebiet. Diese Folien werden bei der Fertigung von Kondensatoren, Transformatoren, gedruckten Schaltungen und Nutisolationen eingesetzt. Neben ausgezeichneter Strahlenbeständigkeit haben diese Folien den Vorzug, nicht brennbar zu sein. Sie sind flexibel bis zu Temperaturen nahe dem Siedepunkt des Heliums, also einige Grade oberhalb des absoluten Nullpunktes.

Polyimid-Filme erlauben z. B. den Bau von Motoren, die bei der gleichen Masse wie konventionelle Motoren etwa 25% mehr Leistung abgeben oder bei gleicher Leistung eine geringere Masse besitzen. Lager mit niedrigem Reibungswiderstand, die mit Polyimiden ausgelegt sind, widerstehen höheren Temperaturen als Polyamid- oder Teflonlager.

Polyimid-Folien und -Fasern werden u. a. auch vielfältig in der Luft- und Raumfahrt eingesetzt.

In diesem Zusammenhang sind die im chemischen Aufbau recht ähnlichen Polyamidimide zu erwähnen. Sie werden durch Umsetzen von aromatischen Polycarbonsäureanhydridchloriden mit aromatischen Diaminen erhalten, wobei zunächst, wie im Falle der Polyimide, Polyamidcarbonsäuren gebildet werden, die weiter unter Wärmeeinwirkung rasch zu Polyamidimiden cyclisieren. Das Formelschema zeigt die Bildungsweise des von der Amoco Chemicals als „A 3"-Polymer auf den Markt gebrachten Umsetzungsproduktes aus Trimellithsäureanhydridchlorid und 4.4'-Diaminodiphenylmethan:

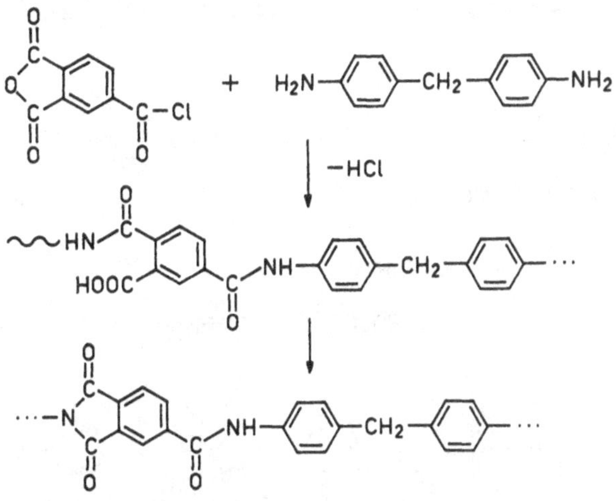

Infolge der gegenüber Polyimiden geringeren Kettensteifigkeit der Moleküle (der Imidgruppengehalt ist nur etwa halb so hoch), der verminderten Symmetrie der Strukturgruppen (statistische Folge von Imid- und Carbonamidgruppen) und nicht zuletzt wegen des Vorhandenseins einer Vielzahl relativ oxydationsempfindlicher Carbonamidgruppen und von gegenüber Diphenyläthergruppen weniger temperaturbeständigen Diphenylmethangruppen weisen Polyamidimide eine deutlich geringere Wärmebeständigkeit auf als Polyimide [91].

G. J. Kudrjavcev u. Mitarb. berichten über fadenbildende aromatische Polyimide mit Oxadiazolringen in der Kette. Die Copolymere werden durch Tieftemperatur-Polykondensation von p-Aminobenzoesäurehydrazid (p-ABSH) mit Pyromellithsäuredianhydrid (PMDA) und Terephthalsäuredichlorid (TSD) in N,N'-Dimethylacetamid nach folgendem Schema synthetisiert:

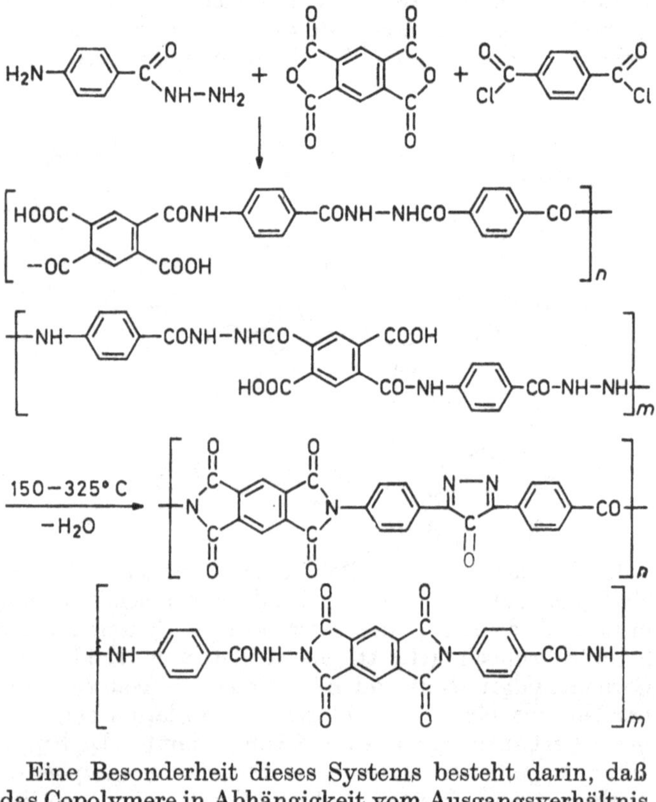

Eine Besonderheit dieses Systems besteht darin, daß das Copolymere in Abhängigkeit vom Ausgangsverhältnis PMDA:TSD eine unterschiedliche Anzahl von Amidgruppen und Imid-Amid-Bindungen enthalten kann. Die erhaltenen Copolymeren lösen sich gut in DMF, DMSO und Dimethylacetamid und sind zur Film- und Fadenbildung befähigt. Zur nachfolgenden Schließung der Imid- und Oxadiazolringe werden die Fäden und Filme einer Cyclodehydratisierung unterworfen. Die Imidisierung erfolgt mit thermischen und chemischen Methoden. (Katalysatoren) Die Imidisierung auf thermischem Wege erfolgt durch Erwärmen der Fäden im Vakuum während 6–8 Std. bei 150–200 °C. Unter diesen Bedingungen entstehen jedoch noch keine Oxadiazolringe [86].

Zur Umwandlung der Hydrazidgruppen in Oxadiazolringe werden die Fäden in einer zweiten Etappe einer thermischen Behandlung im Vakuum während 30 bis 60 Std. bei 250–325 °C unterzogen. Die Oxadiazolringbildung ist von der Anzahl der Imidringe in der Kette abhängig. Copolymere mit 12 Mol-% Pyromellithimidglieder zersetzen sich bei 475 °C intensiv.

Die Eigenschaften der Fäden auf Basis dieser Copolymeren sind im folgenden zusammengestellt:

	ohne Katalysator	*mit Katalysator*
Festigkeit [p/tex]	46–50	40–45
Dehnung [%]	7	5– 6
Restfestigkeit [%] bei verschiedenen Temperaturen		
200 °C	51	57
300 °C	40	45
350 °C	27	30
400 °C	—	23
Restfestigkeit [%] nach Tempern an der Luft während 100 Std. bei		
300 °C	20–30	78–84

Ein Vergleich der physikalisch-mechanischen Eigenschaften der Copolymer-Fasern mit den analogen Kennziffern der Polyimid- und Polyoxadiazol-Fäden zeigt, daß diese Versuchsfäden eine höhere thermische Beständigkeit bei 300 °C an der Luft aufweisen [87].

Abschließend muß darauf hingewiesen werden, daß die außergewöhnlichen Hochtemperatureigenschaften der Polyimid-Faserstoffe nur in einem begrenzten Maße genutzt werden können, da die schlechte Verarbeitbarkeit und die hohen Rohstoffkosten einer breiten Anwendung hinderlich sind. Deshalb bemüht man sich intensiv, diese genannten Nachteile zu beseitigen oder wenigstens zu verringern. Erfolgversprechend scheint der Weg über glasfaserverstärktes Material zu sein. Ursprünglich für Teile von Raketendüsen entwickelt, wird dieses neue Material bereits heute für verschiedene Anwendungen in der Elektrotechnik und Elektronik empfohlen, und zwar immer dann, wenn hohe Festigkeits- und Steifigkeitswerte bei Temperaturen gefordert werden, die außerhalb des Anwendungsbereiches üblicher Kunststoff- und Faserstoff-Kombinationen liegen.

2.3.5. Polybenzimidazol-Faserstoffe

Die Polybenzimidazole besitzen nicht die thermische Oxydationsstabilität, wie sie für eine länger andauernde Wärmebeanspruchung bei Temperaturen bis etwa 300 °C notwendig wäre, dafür aber haben sie andere Eigenschaften, die ihren Einsatz bei speziellen Hochtemperaturanwendungen aussichtsreich erscheinen lassen.

Die Polybenzimidazole werden ebenfalls in zwei Stufen aus aromatischen Tetraminen und aromatischen Dicarbonsäuren erhalten. Sie zeichnen sich dadurch aus, daß das vollständig cyclisierte Produkt die Löslichkeit in stark polaren Lösungsmitteln behält (z. B. DMF oder DMSO). Dadurch wird es möglich, Fäden unmittelbar aus diesen heterocyclischen Polymeren zu erspinnen. Aus der großen Zahl bereits synthetisierter Polybenzimidazole [70, 81, 90] läßt sich ein Polymeres auf der Basis von

Isophthalsäureestern und des 3.3''-Diaminobenzidins am besten technisch verwerten:

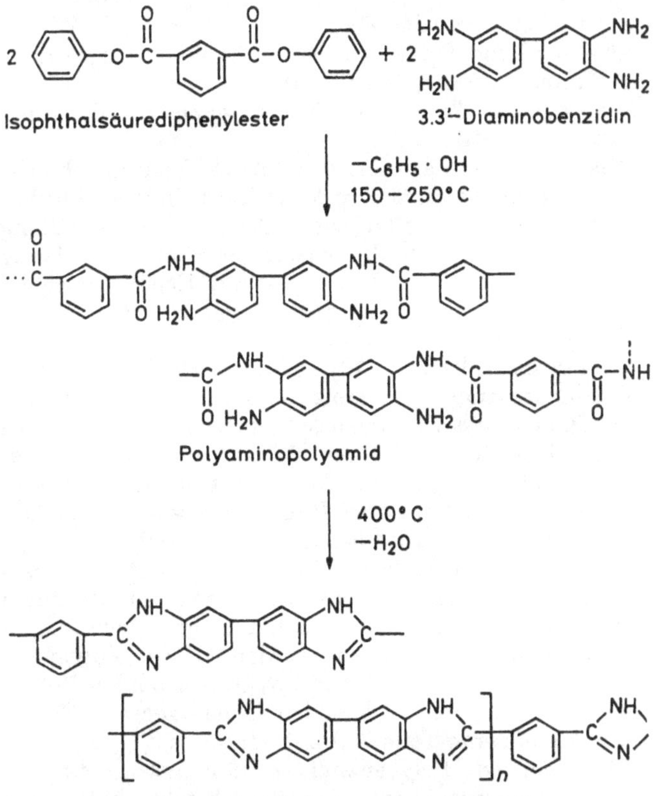

Poly-m-phenylen-2.2'-5.5'-bisbenzimidazol (PBI)

Die Reaktion wird ohne Lösungsmittel durch Erhitzen des Monomerengemisches durchgeführt. Die Hauptreaktion ist eine Kondensation, die unter Entwicklung von Phenol und Wasser abläuft. Man erhält ein lineares Vorpolymer mit hohem Molekulargewicht, das bereits geringe Anteile der völlig geschlossenen heterocyclischen

Ringe enthält. In diesem Zustand ist das Produkt löslich und erweichbar („schmelzbar"). Das Vorpolymer kann durch weitere Wärmezufuhr in ein System überführt werden, bei dem alle Ringe geschlossen sind. Zweckmäßig wird die Polykondensation in einer Kugelmühle im Vakuum durchgeführt. Dabei gelingt es allerdings nicht, das als Zwischenstufe entstehende Polyaminopolyamid zu isolieren.

Die orientierte Faser kann zur Kristallisation gebracht werden, wenn sie unter Druck bei 250 °C in einer Phenol-Wasser-Mischung erhitzt wird. Diese Druckbehandlung beeinflußt wesentlich die Fasereigenschaften in bezug auf ihre Festigkeits-, Dehnungs- und Elastizitätseigenschaften sowie ihr Erholungsvermögen und ihre Abriebfestigkeit.

H. Vogel u. Mitarb. [70] entwickelten die Schmelzepolykondensation von aromatischen Tetraminen und den Diphenylestern aromatischer Dicarbonsäuren zu einem allgemeinen Verfahren, das sich sehr vielseitig anwenden läßt. Polybenzimidazole mit gemischten aromatischen Einheiten in der Hauptkette wurden aus 3.3'-Diaminobenzidin, 1.2.4.5-Tetraaminobenzol und verschiedenen aromatischen Diphenyldicarboxylaten dargestellt. Auch Phenyl-3.4-diaminobenzoat konnte durch Schmelzkondensation unter Bildung von Poly-2.5.(6)-benzimidazol polymerisiert werden. Diese Polymeren sind gegen eine Behandlung mit hydrolysierenden Medien recht beständig und widerstehen einer längeren Erwärmung bei höheren Temperaturstufen.

Die meisten Polybenzimidazol-Polymere sind unschmelzbar, einige haben jedoch Schmelzpunkte oberhalb von etwa 400 °C. Viele Polymere behalten ihre Eigenschaften auch beim Erhitzen bis zu 550 °C und weisen selbst bei einem mehrstündigen Erhitzen unter Stickstoff auf 600 °C nur einen Gewichtsverlust von weniger als 5% auf. Die PBI*)-Polymere können aus Ameisen

*) PBI = Polybenzimidazole

säure- und MDSO-Lösungen zu Fasern ersponnen werden.

Die Firma „Celanese" berichtet über die Herstellung von Polybenzimidazol-Fäden mit folgenden Kennwerten [67]:

Reißfestigkeit	[p/den]	4,9
Reißdehnung	[%]	23,6
Anfangsmodul	[p/den]	105—115

Die Polybenzimidazol-Fäden sind bei erhöhten Temperaturen nur bei Abwesenheit von Luft stabil [63, 67]. Bei einer Kurzzeitbeanspruchung (10 min) sind die Polybenzimidazol-Fasern bis 650 °C beständig und bei einer Langzeitbeanspruchung (200 Std.) bis 315 °C.

Da die Polybenzimidazole ebenso wie die Polyimide auf Metalloberflächen ungewöhnlich gut haften, lassen sie sich als besonders hochwertige und wärmebeständige Metallkleber verwenden. In Form einer Klebschicht zwischen zwei Metallflächen ist das Polymere dem Angriff des Luftsauerstoffs weitgehend entzogen. Nach kurzzeitiger Einwirkung relativ hoher Temperaturen (10 min bei 540 °C) konnte noch eine Scherfestigkeit von ca. 70 kp/cm^2 gemessen werden.

Sogenannte syntaktische Schaumkunststoffe auf der Basis von Polybenzimidazol wurden für Anwendungen in der Raumfahrt entwickelt, wo geringes Gewicht, thermische Stabilität und gute Festigkeit bei leichter Verarbeitbarkeit gefordert werden. Unter syntaktischen Schaumkunststoffen versteht man solche, die mit „Mikrohohlkugeln" aus Glas oder Kunststoff gefüllt sind. Diese Kugeln mit 250—2500 μm Durchmesser, in der amerikanischen Literatur als „microballoons" bezeichnet, werden durch Erwärmen treibgashaltiger Partikel hergestellt. Die Schäume, die eine feinkörnige, gleichmäßige und stabile Struktur haben, werden bei Temperaturen um 120 °C und niedrigem Druck (1 kp/cm^2) verarbeitet.

Ferner wurden Polybenzimidazole zur Verwendung als Ablationswerkstoff entwickelt. Ablationswerkstoffe dienen zur Vernichtung der an Stirnflächen und -kanten von Raumfahrzeugen durch die Luftreibung auftretenden Hitze beim Wiedereintritt in die Atmosphäre. In einer PBI-Matrix sind Phenolharz-Mikrokugeln und Kohlenstoff-Fasern verteilt. Unter hohem Wärmefluß wandelt sich dieses Material in ein kohleartiges Produkt mit ausgezeichneten Festigkeitseigenschaften und guter Fähigkeit zur Wärmeabweisung um.

2.3.6. Polybenzoxazol-Faserstoffe

Die Polybenzoxazole werden in zwei Stufen aus Dihydroxydiaminen und aromatischen Dicarbonsäurechloriden gewonnen.

A. A. Konkin u. Mitarb. [92] führten zahlreiche Versuche zur Herstellung von Polybenzoxazol-Faserstoffen durch. Am brauchbarsten erwies sich ein Produkt auf der Basis von 3.3'-Dihydroxybenzidin und Isophthalsäurechlorid:

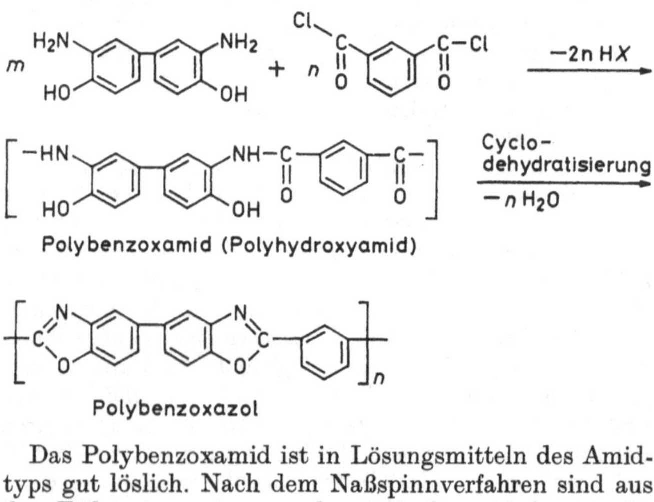

Das Polybenzoxamid ist in Lösungsmitteln des Amidtyps gut löslich. Nach dem Naßspinnverfahren sind aus ihm Fäden ersponnen worden [93], die nach innermolekularer Cyclisierung und Nachverstreckung eine ausreichende Festigkeit aufweisen (bis 55 p/tex) und *kurzzeitig* bis 700 °C stabil sind. Polybenzoxazol-Faserstoffe besitzen nach 100stündigem Tempern bei 300 °C immerhin noch 57% Restfestigkeit. Der Zersetzungsbeginn in einem inerten Medium liegt bei 400—500 °C, bei 600 °C beträgt der Masseverlust höchstens 20—40%. An der Luft beginnt die Zersetzung etwa im gleichen Temperaturbereich, bei 600 °C ist jedoch schon ein merklicher Abbau vorhanden, während oberhalb 700 °C praktisch vollständige Zersetzung eintritt.

J. PRESTON u. Mitarb. [94] synthetisierten Benzoxazolpyromellithimide nach folgendem Schema:

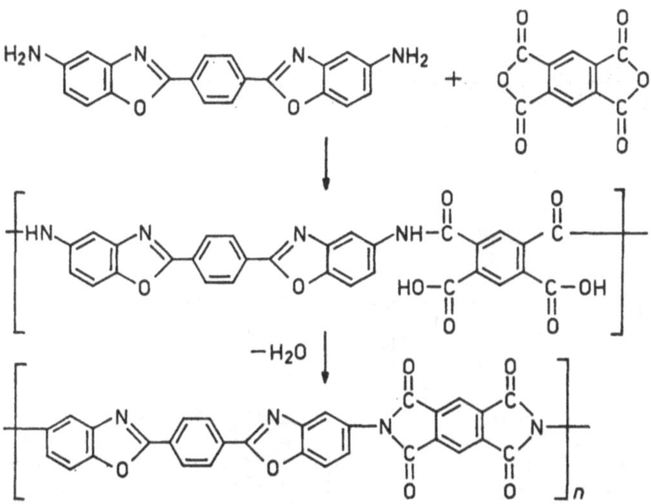

Benzoxazolpyromellithimid

Aus diesen Polymeren lassen sich Fasern mit einer Festigkeit von 5,5 g/den bei 21 °C herstellen. Bei 500 °C besitzen diese noch eine Festigkeit von 1,5 g/den.

Erwähnenswert ist auch die Benzoxazol-benzophenonimid-Faser vom Typ

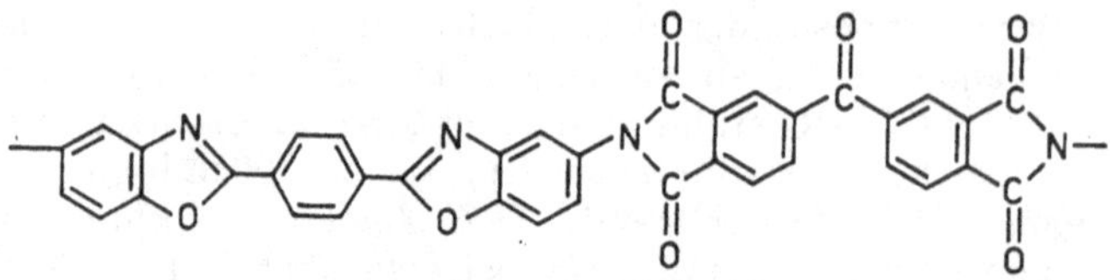

Außer einer hervorragenden Hitzestabilität weist sie auch eine sehr gute Lichtbeständigkeit auf [81].

V. V. Koršak u. Mitarb. [103] synthetisierten mehrere Polybenzoxazolimide aus Bis-o-aminophenolen, Pyromellithsäureanhydriden und Dicarbonsäuredichloriden gemäß folgendem Schema:

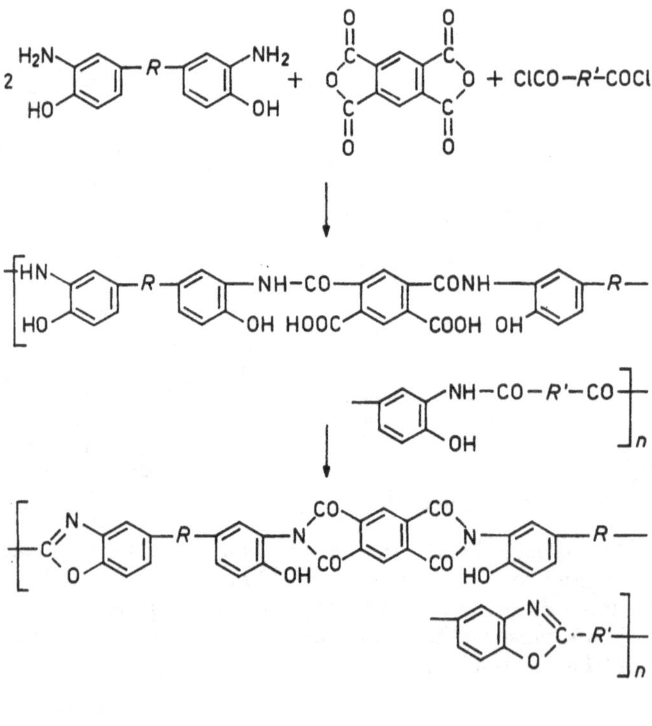

wobei:

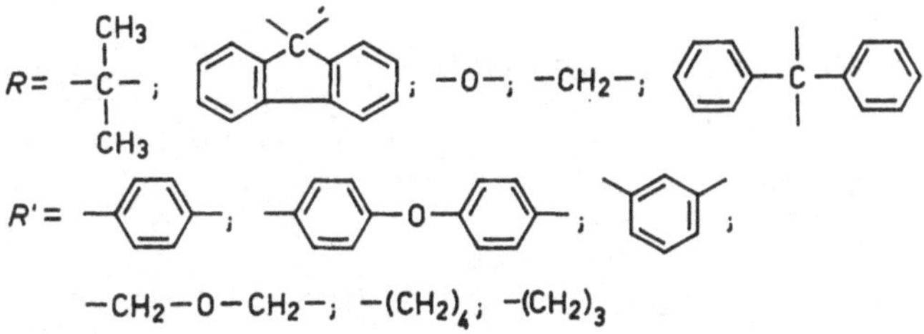

bedeuten.

Die erhaltenen Polymeren zeichnen sich durch relativ gute thermische Beständigkeit aus und sind in organischen Lösungsmitteln, im Gegensatz zu vollaromatischen Polybenzoxazolen, löslich. Die bisher aus den o. g. Polymeren ersponnenen Fäden wiesen nur ungenügende Eigenschaften auf.

Erfolgreich verliefen Versuche zur Synthese linearer Polybenzoxazole unter Verwendung von Acylderivaten der Bis-o-aminophenole:

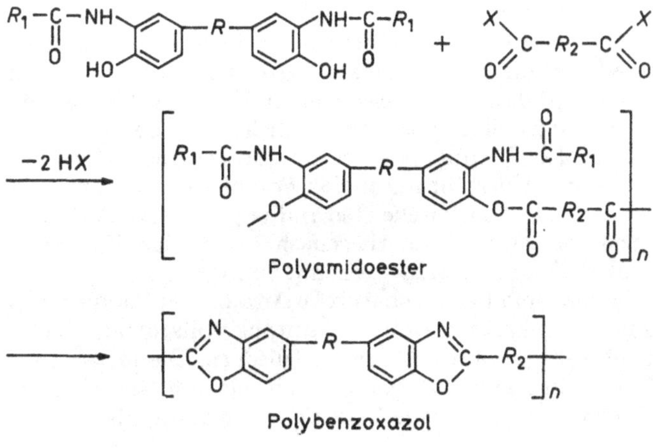

und

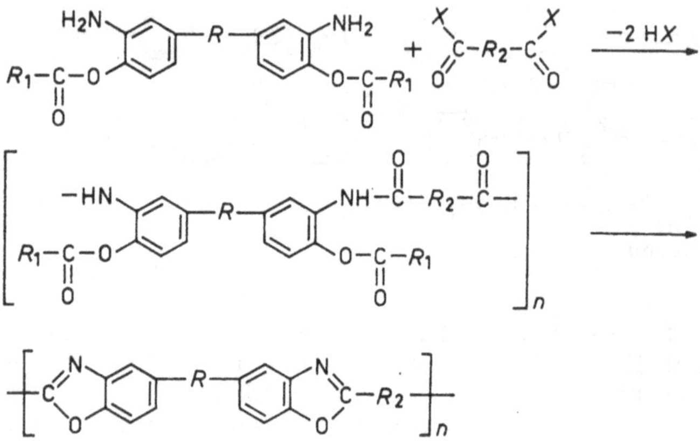

Polybenzoxazol

R kann entweder fehlen oder ein Kohlenstoffradikal mit 1—3 C-Atomen, Schwefel, SO_2 oder Sauerstoff sein — R_1 entweder H, Alkyl-, Aryl- oder Arylalkylrest — *X* ist OH, OR_3 (R_3 = Alkyl oder Aryl), Halogen u. a. — R_2 ist Alkyl- oder Arylrest.

Die erste Reaktionsstufe wird in Lösung durchgeführt. Die Überführung des Polyamidoesters in das Polybenzoxazol erfolgt dann durch Erhitzen im Vakuum. Da die Polyamidoester schmelzbar und löslich sind, können sie in Form der Lösung oder Schmelze verarbeitet werden, wobei die Überführung in das Polybenzoxazol durch anschließende thermische Behandlung erfolgt. Auf diese Weise konnten feste, thermisch beständige Faserstoffe und Folien hergestellt werden [106].

Bisher sind bereits eine große Anzahl von Polybenzoxazolen synthetisiert worden, sowohl vollaromatische als auch solche mit aliphatischen Gliedern. Die meisten von ihnen sind amorph. Polybenzoxazole mit aliphatischen Gliedern, sind thermisch weniger beständig als die vollaromatischen. Während bei ersteren die Zersetzung an der Luft bei etwa 300 °C beginnt [107], fangen die vollaromatischen Polybenzoxazole erst bei Temperaturen über 400 °C an, sich merklich zu zersetzen [108]. Beim thermischen Abbau liegt in diesem Falle die Temperatur des Zersetzungsbeginns noch höher. Bei den Polymeren bzw. Fasern aus 3.3'-Dihydroxybenzidin und Isophthal- bzw. Terephthalsäurechlorid tritt selbst bis 700 °C keine merkliche Zersetzung ein. Erst bei noch höherer Temperatur beginnen die Produkte, sich zu zersetzen, wobei die Benzoxazolringe verschwinden (Intensitätsabnahme der für die Benzoxazolringe charakteristischen Banden bei 935, 1555 und 1630 cm^{-1}). Der Abbau erfolgt in drei miteinander konkurrierenden Richtungen:

- Umlagerung der Benzoxazolringe
- homolytischer Abbau der chemischen Bindungen
- Hydrolyse durch das bei der Kondensation entstehende und bei der Cyclodehydratisierung freiwerdende Wasser.

Die Einführung von sog. „Gelenk-Atomen" und -Gruppen (SO_2 — in den Aminrest, SO_2—, —S—, —O— in den Dicarbonsäurerest) setzt die thermische Beständigkeit der Polybenzoxazole herab. Dabei wird dieser Effekt durch die Heteroatome wesentlich weniger beeinflußt als durch die SO_2-Gruppe [109]. Im Gegensatz hierzu steigt die Festigkeit und Elastizität der Fasern. Polybenzoxazole aus Bis-o-aminophenolen mit verschiedenen Substituenten am zentralen C-Atom zwischen den Benzolringen und Diphenylestern aromatischer Säuren stehen hinsichtlich der thermischen Beständigkeit den vollaromatischen Produkten nur wenig nach. Die thermische Beständigkeit steigt mit abnehmender Größe des Substituenten am zentralen C-Atom an. Die höchste Stabilität zeigen Produkte auf der Basis von Phenolen mit Methylen-, Isopropyliden- und Fluorenresten.

Die Polybenzoxazol-Fasern und -Filme behalten ihre guten mechanischen Eigenschaften auch, nachdem sie hohen Temperaturen ausgesetzt worden sind. So zeigt z. B., ein Film auf der Basis von 3.3'-Diamino-4.4'-dihydroxydiphenylsulfon und Terephthalsäure nach dreitägiger Lagerung bei 300 °C noch 72% der anfänglichen Festigkeit, nach 5stündiger Lagerung bei 400 °C noch 90%. Auch die Elastizität bleibt bei der Alterung im wesentlichen erhalten. Gegen Hydrolyse und Bestrahlung ist das Polymer ebenfalls beständig. Nach 240stündigem Kochen in Wasser betrug die Festigkeit noch 75% der anfänglichen Festigkeit. Nach Bestrahlung im Vakuum mit einer Gesamtdosis von 500 Mrad wies der Film noch 90% der ursprünglichen Festigkeit auf.

Die Polybenzoxazole besitzen nicht nur eine hohe thermische Beständigkeit, sondern auch hervorragende mechanische, dielektrische und physikochemische Eigenschaften.

Erwähnenswert sind noch die Polyoxadiazolbenzoxazole, die nach folgendem Schema gewonnen werden:

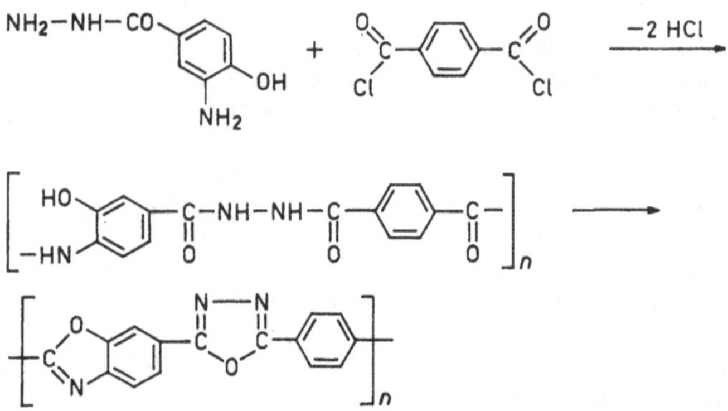

Die erste Stufe der Reaktion wird in N-Methylpyrrolidon durchgeführt, in der zweiten Stufe wird das Zwischenprodukt durch Erhitzen im Vakuum (200–350 °C) in das Polyoxadiazolbenzoxazol überführt. Charakteristisch für solche Polymere ist eine hohe Beständigkeit gegenüber thermischem (>500°C) und thermooxydativem Abbau. Aus diesen Polymeren lassen sich farblose, leicht orientierbare Fäden erspinnen.

Aus Polyamidobenzoxazolen- und Polyimidobenzoxazolen-Polymeren können elastische und feste Faserstoffe mit einer thermischen Beständigkeit von 550—625 °C hergestellt werden.

Für die Synthese der Polyamidobenzoxazole geht man von Diaminen mit Benzoxazolringen im Molekül aus:

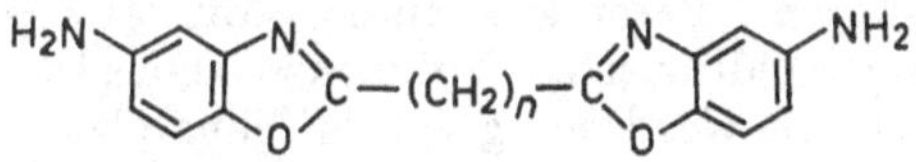

$n = 4; 6; 8$

Sie werden gewonnen durch Polykondensation der genannten Amine mit Dicarbonsäurechloriden bei niedriger Temperatur in einem organischen Lösungsmittel Dimethylacetamid (DMAC).

Zur Synthese von Polyimidobenzoxazolen werden Benzoxazolringe enthaltende Amine mit aromatischen Tetracarbonsäuredianhydriden umgesetzt gemäß Schema:

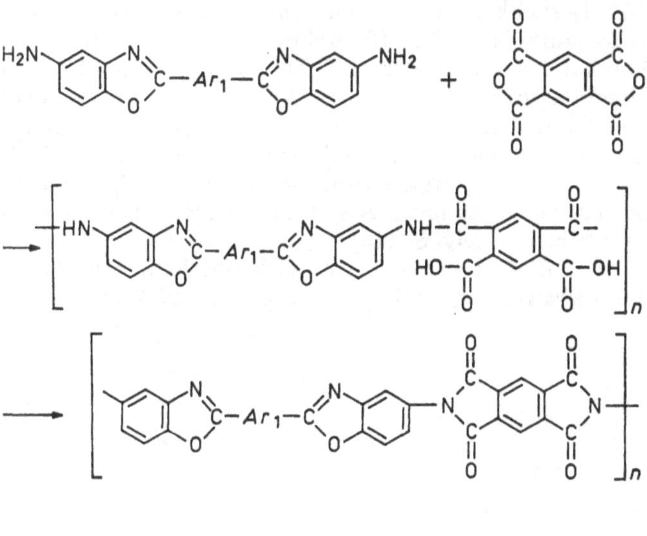

Eine Betrachtung der Eigenschaften der Polybenzoxazole und der Verfahren zu ihrer Synthese zeigt auf, daß die Polykondensation in der Schmelze und die Zweistufensynthese unter Verwendung von Acylderivaten der Bis-o-aminophenole die besten Aussichten für eine industrielle Anwendung haben. Aufmerksamkeit verdienen Polybenzoxazole auf der Basis von Bis-o-aminophenolen mit verschiedenen Substituenten am zentralen C-Atom zwischen den Phenylringen und aromatischen Dicarbonsäuren. Besonders interessant erscheint die Herstellung modifizierter Polybenzoxazole, und zwar insbesondere die Gewinnung von Mischpolybenzoxazolen und von Produkten, die neben Benzoxazolringen auch noch andere Gruppierungen enthalten.

Im folgenden wird die Synthese einer Polymethoxyamidopolyamidsäure (PMAS) durch Polykondensation von 3.3'-Diamino-4.4'-dimethoxydiphenylmethan mit Pyromellithsäureanhydrid und Iso- bzw. Terephthalsäurechlorid beschrieben. Durch thermische Cyclisierung werden methoxylhaltige Polybenzoxazolimide erhalten, die eine relativ gute thermische Beständigkeit (ca. 500 °C) und Löslichkeit in Schwefelsäure sowie Methansulfonsäure aufweisen. Zur Herstellung der PMAS dient die Polykondensation von 3.3'-Diamino-4.4'-dimethoxydiphenylmethan (DAM) mit Pyromellithsäureanhydrid und Dicarbonsäurechloriden in Dimethylacetamid unter Argon. Die Gewinnung der Polybenzoxazolimide (PBOI) durch Cyclodehydratisierung der PMAS erfolgt in zwei Stufen, zunächst unter Argon im Vakuum, nach folgendem Schema (siehe S. 113).

Die PBOI-Fasern zersetzen sich oberhalb von 420 °C, der Masseverlust bei 500 °C beträgt etwa 20% [110].

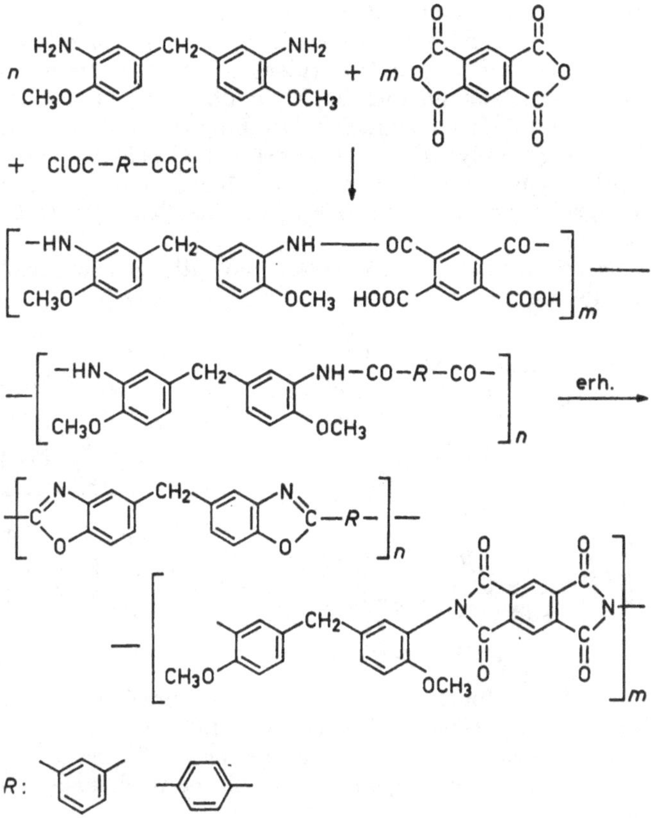

2.3.7. *Polybenzothiazol-Faserstoffe*

Eine Weiterentwicklung gegenüber den Polybenzimidazolen stellen die weniger sauerstoffempfindlichen Polybenzothiazole dar, die man z. B. aus Dimercaptobenzidin und Dicarbonsäure gewinnen kann.

Durch mehrstündiges Erhitzen von Dimercaptobenzidinhydrochlorid und Isophthalsäurediphenylester, z. B.

in Polyphosphorsäure unter Inertgas (Argon) auf 215 °C, erhält man zunächst ein noch lösliches Polybenzothiazol mit relativ niedrigem Molekulargewicht, das durch einstündiges Erhitzen auf 400 °C in das oxydations- und wärmebeständige hochmolekulare Polybenzothiazol überführt wird. Polybenzothiazol-Fasern sind bei einer Kurzzeitbeanspruchung (10 min) bis 540 °C und bei einer Langzeitbeanspruchung (200 Std.) bis 330–345 °C beständig.

Nach J. Preston [25] lassen sich die Benzothiazolamide wie folgt herstellen:

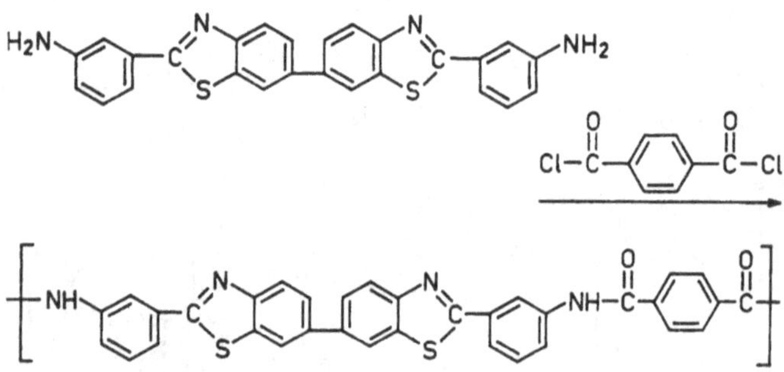

Benzothiazolamid

Die Benzothiazolamide haben einen Schmelzpunkt von 455 °C und zersetzen sich an der Luft bei 475 °C. Die Fasern selbst sind an der Luft bis zu 300 °C beständig. Praktische Bedeutung haben sie bisher noch nicht erlangt.

2.3.8. *Poly-(bis-benzimidazobenzophenanthrolin)-Faser (BBB)*

Poly-(bis-benzimidazobenzophenanthrolin) wird durch Lösungskondensation von 3.3′-Diaminobenzidin und 1.4.5.8-Naphthalintetracarbonsäure in Polyphosphorsäure nach folgendem Formelschema hergestellt:

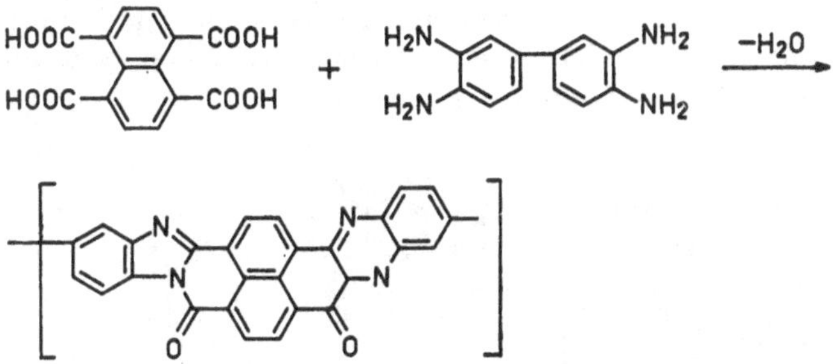

BBB

Die Faser wird aus H_2SO_4 bei 30 °C gesponnen und anschließend bei 500—600 °C heißgereckt. Sie zeigt eine Festigkeit von 5,2 g/den und weist eine Dehnung von 3—5% und einen *E*-Modul von 2400—2500 kp/mm² auf. Bei 500 °C sinkt die Festigkeit auf die Hälfte. Nach 100-stündigem Tempern bei 300 °C zeigt die BBB-Faser noch eine Restfestigkeit von 50% gegenüber dem Ausgangsfaden. Bemerkenswert ist die Beständigkeit gegenüber ultravioletten Strahlen [96].

2.3.9. Polybenzoxazindion

Ausgehend von den leicht zugänglichen 0.0'-Dihydroxy-aryldicarbonsäureestern wie 4.4'-Dihydroxydiphenyl-3.3'-dicarbonsäurediphenylester und aromatischen Diisocyanaten wie Diphenyläther-4.4'-diisocyanat wurden in einer Polyadditions- und Polycyclisierungsreaktion in einem Verfahrensschritt hochmolekulare, film- und faserbildende Polybenzoxazindione hergestellt. Die Polymeren zeichnen sich durch hohe Dauerwärmebeständigkeit aus. Sie besitzen gute mechanische und elektrische Eigenschaften über einen Temperaturbereich von —180 °C bis über +300 °C. Die Filme und Fasern sind durch Verstrecken orientierbar und kristallisierbar. Folien aus

Polybenzoxazindionen können als Elektroisolierfolien verwendet werden. Dem Polybenzoxazindion liegt folgende Struktureinheit zugrunde:

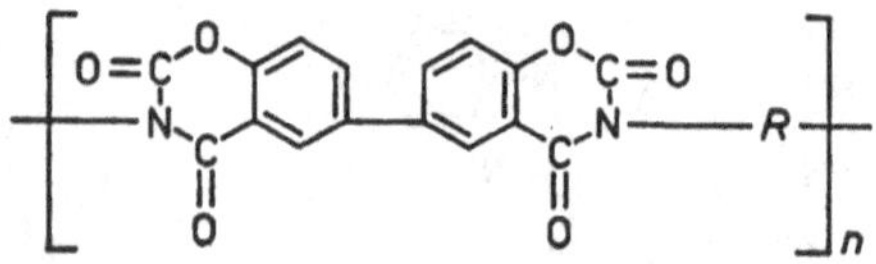

Das Polybenzoxazindion aus Dihydroxydiphenyldicarbonsäure und Diphenylätherdiisocyanat ist gegenüber verdünnter und konzentrierter Salzsäure bei Raumtemperatur beständig, ebenso gegenüber 65%iger Salpetersäure. Konzentrierte Salpetersäure und konzentrierte Schwefelsäure lösen dagegen, letztere ohne einen Abbau des Polymeren zu bewirken.

Konzentrierte 45%ige und verdünnte 2n Natronlauge zerstören Faser und Folie. Konzentrierte Ammoniaklösung zersetzt die Folien innerhalb kurzer Zeit, 10%ige Ammoniaklösung dagegen nicht. Durch Kochen in Wasser wird eine Polybenzoxazindion-Folie bzw. -Faser nicht verändert. Kochen in verdünnter Salzsäure bewirkt nach einem Monat leichte Versprödung [98].

2.4. Faserstoffe auf Basis aromatischer Polyäther, -thioäther und -sulfone

In Tab. 5 bezeichnen die Formeln 5—8 Polymerkettenstrukturen, von denen man sicher weiß, daß sie hervorragende Wärmebeständigkeit besitzen. Leider ließen sie sich technisch noch nicht nutzen, weil diese Polymeren völlig unlöslich und unschmelzbar sind. Ihr Molekulargewicht ist bisher nicht sicher bekannt. Vermutlich sind die Molekulargewichte dieser Polymeren niedrig, weil schon die Oligomeren unlöslich sind.

Obwohl aus diesen pulverförmigen Polymeren oder Oligomeren bisher weder Filme noch Fasern hergestellt wurden, kann man ihnen eine hohe Wärmebeständigkeit zuschreiben, und zwar nicht auf Grund einer thermogravimetrischen Analyse, sondern weil sich ihre Strukturelemente (Diphenyl, Diphenylsulfon, Diphenylsulfid, Diphenyläther) als Struktureinheiten in Polyimidketten einbauen lassen (s. Abschn. 2.3.4.).

Da die Wärmebeständigkeit des Polyimids aus Pyromellithsäureanhydrid und 4.4'-Diaminodiphenyläther an Filmen und Fasern vielfach gemessen wurde, kann man hier den Gewichtsverlust bei der thermogravimetrischen Analyse als relatives Maß heranziehen. In Tab. 29 sind die Ergebnisse solcher Vergleichsmessungen zusammengestellt.

Daraus wird ersichtlich, daß die Wärmebeständigkeit der Diphenyl- und Diphenylsulfidgruppen ebensogut ist wie die der Diphenyloxidgruppe, wogegen aliphatische C-Atome in der Kette, wie Ester- und Amidgruppen, die Wärmebeständigkeit deutlich herabsetzen. Die Herstellung und Verarbeitung von Polyphenylsulfid ist nicht so kompliziert wie die von Polyphenylenoxid oder von Polyphenylen. Ein flüssiges Polyphenylensulfid mit einem relativ niedrigen Polymerisationsgrad wird schon technisch hergestellt. Es wurde beobachtet, daß man durch einfaches Erhitzen des flüssigen Polyphenylensulfids über seine Zersetzungstemperatur hinaus ein relativ hartes, aber noch verformbares Material erhält, von dem angegeben wird, daß es längere Zeit bei 400 °C beständig ist. Lineares Polyphenylensulfid wird durch Kondensationspolymerisation der Alkalimetallsalze von p-Halogenthiophenolen synthetisiert. Es ist unter Luft und Stickstoff bis zu 400 °C kinetisch beständig. Unter Stickstoff bildet sich ein Rückstand, der ungefähr 50% des ursprünglichen Polymergewichtes ausmacht und bis zu 900 °C kinetisch beständig ist [99].

2.5. Faserstoffe auf Basis von Phenoleinheiten

In den Jahren 1970/71 wurde eine neue organische hochflammfeste Faser auf Basis eines vernetzten Phenolharzes entwickelt. Sie wird von der Carborundum Co., USA, produziert und unter dem Namen Kynol gehandelt. Über die chemische Zusammensetzung ist bisher nur wenig bekannt. Die Faser bietet gegen die 2500 °C heißen Flammen eines Autogenschweißbrenners den gleichen Schutz wie gegen normales Feuer. Sie ist leicht (Dichte 1,25 g/cm^3), hochelastisch und gegen Verätzungen widerstandsfähig. Ihre mechanischen Eigenschaften ähneln denen von Wolle oder Viskose-Fasern mittlerer Reißfestigkeit. Alle diese Eigenschaften lassen sie für vielfältige Anwendungsmöglichkeiten geeignet erscheinen. Die Kynol-Fasern weisen einen ungewöhnlich hohen Anteil an Querverbindungen polymerer Ketten auf; dies beruht auf ihrer amorphen Struktur.

In Tab. 31 sind die wichtigsten Eigenschaftsparameter zusammengestellt.

Es muß besonders darauf hingewiesen werden, daß Kynol aber keine hochtemperaturbeständige Faser ist und in ihren Eigenschaften beeinträchtigt wird, wenn sie über einen längeren Zeitraum Temperaturen von über 200 °C ausgesetzt wird. Kynol zeichnet sich durch große Korrosionsbeständigkeit aus und ist damit allen anderen Fasern, außer Fluorkohlenstoff-Fasern überlegen. Die Feuchtigkeitsaufnahme, ein Maßstab für gute Trageeigenschaften einer Faser, liegt nahe dem Wert von Baumwolle.

Verhalten in Flammen

Die ungewöhnliche Feuerbeständigkeit von Kynol resultiert aus der Leichtigkeit, mit der die Faser praktisch ohne Schrumpfung zu einer glasigen Kohlestruktur verkohlt. Dieses Verhalten beruht auf der polymeren Struktur der Faser, die aus in neuer Art verbundenen Phenol-

Tabelle 31

Eigenschaften von Kynol

Dichte	[g/cm³]	1,25
Reißfestigkeit	[g/den]	1,8
Modul	[g/den]	41
Dehnung	[%]	30
Thermische Formbeständigkeit:		
165 °C in Luft	mehr als 1000 Stunden	
275 °C in Luft	einige Stunden	
275 °C in N_2 (Stickstoff)	mehr als 1000 Stunden	
Korrosionsbeständigkeit gegenüber:		
allen organischen Flüssigkeiten		ausgezeichnet ~165 °C
nichtoxydierenden Säuren		ausgezeichnet ~165 °C
schwachen Laugen		ausgezeichnet ~165 °C
Feuchtigkeitsaufnahme in % (bei 65% rel. Luftfeuchtigkeit)		6–7

einheiten besteht. Die bei der Verkohlung entstehenden Gase, vor allem H_2O (Wasserdampf) und CO_2 (Kohlendioxid) sind ungiftig und nicht entzündbar. Wenn man Kynol dem Feuer aussetzt, ist etwas Rauch zu sehen; bei Durchführung des Brennversuchs in einem geschlossenen Raum ist ein leichter zurückbleibender Geruch von Phenol wahrzunehmen. Die ausgezeichnete Formbeständigkeit der Faser im Feuer ist auf den hohen Kohlenstoffgehalt von 60% zurückzuführen und auf die verbundene Struktur, die ein Schmelzen oder Weichwerden der Faser verhindert. Das Zusammenwirken von nicht entzündbaren Gasen und der Hitzeabweisung der schwarzen verkohlten Oberfläche führen zu der hohen Widerstandskraft gegen Feuer. Die Fähigkeit der verkohlten Fasern, Hitze wirksam abzuweisen, nimmt mit steigender Temperatur zu.

Mechanisches Verhalten

Die Dehnungseigenschaften der Kynol-Fasern sind bemerkenswert, weil die polymere Struktur amorph ist und man deshalb ein glasähnliches Verhalten erwarten könnte. Die guten mechanischen Eigenschaften der Faser begünstigen eine umfangreiche Anwendung in der Praxis, die vor allem Tragfähigkeit fordert. Die Beanspruchungskurve weist für Kynol ein gutes elastisches Verhalten aus. Die Faser erreicht eine plastische Deformation von 30–40%. Dieses Verhalten wurde auch früher schon erwartet, weil die Querverbindung als hart anzusehen war. Frühere Studien mit anderen querverbundenen polymeren Strukturen hatten gezeigt, daß ungewöhnlich große Dehnungen erreicht werden können, wenn Proben in Form dünner Filme getestet wurden. Die Kynol-Fasern reißen erst bei sehr hoher Belastung. Ihre Belastungsfähigkeit erreicht Werte wie die von Polyamid- und Polyester-Fasern.

Nach den bisherigen Erfahrungen lassen sich Garne oder Filze am besten nach dem Baumwollsystem oder mittels eines Vliesblasverfahrens herstellen. Deshalb kommt Kynol als gekräuselte Stapelfaser mit einer Feinheit von 1,5 den (0,19 tex) in den Handel. Die Faser läßt sich vielfältig färben.

Kynol wurde auf seine Verwendbarkeit für Isolierzwecke getestet. Dabei erwies es sich als feuerbeständiger als die herkömmlichen Glasfasern. Zum Beispiel wurden 2 Lagen Kynol und Glasfasern den Flammen eines Meker-Brenners ausgesetzt. Die Glasfaserlage schmolz innerhalb von 5 Sekunden, während die Kynol-Lage lediglich an der Oberfläche verkohlte und weiterhin für viele Minuten Schutz gewährte.

Für Anwendungsbereiche, in denen außer einer Feuerisolierung auch eine akustische Abschirmung erforderlich ist, wird die Kynol-Faser mit einem besonders kleinen Durchmesser geliefert.

Die Wärmeisoliereigenschaften von Kynol übertreffen die der Kohlenstoff- und Silicatfasern. Wird ein mit Kynol durchsetzter Verbund 75 Sekunden lang der Flamme eines Autogenschweißbrenners ausgesetzt, so steigt auf seiner Rückseite die Temperatur nur auf 35 °C an, während auf der Rückseite eines mit Kohlenstoff-Fasern durchsetzten Verbundes die Temperatur in der gleichen Zeit je nach Stärke der Vol.-%-Belastung 200 bis 250 °C erreicht.

Die Feuerbeständigkeit, die geringe Dichte und der niedrige Preis von Kynol-Fasern stellen Vorzüge dar, die insbesondere ihre Verwendung für die Herstellung von Hitzeschilden und Raketendüsen empfehlen. Ein Nachteil liegt allerdings in einer Neigung zur Erosion, die ihre Ursache in der verhältnismäßig niedrigen Verkohlungsstärke der Kynol-Faser hat. Dem wurde jedoch dadurch begegnet, daß man Lagen von Fasern mit stärkerer Verkohlungsneigung (35 Vol.-%) und Kynol (25 Vol.-%) abwechseln läßt.

Feuerbeständige Gewebe

Kynol kann auch für die Innenausstattung von Räumen vielfältig verwendet werden, so z. B. für Sitzbezüge, Teppiche, Gardinen und andere Tuchwaren. Die Faser besitzt einen goldgelben Farbton; das Einfärben in dunklere Töne ist deshalb nur begrenzt möglich. Durch Mischen mit anderen Fasern können aber verschiedene hellere Schattierungen erzeugt werden. Das Mischen von Kynol mit anderen Fasern führt auch in anderer Hinsicht zu guten Effekten. Aus Tab. 32 ist ersichtlich, daß eine Mischung von Nomex und Kynol die Feuerbeständigkeit von Nomex wesentlich erhöht. Die Versuche wurden auf der Grundlage der L. O. J.-Methode durchgeführt (Limited Oxygen Index = Mindestsauerstoffindex). Der L. O.-Index gibt den Sauerstoffgehalt an, der nötig ist, um die Proben brennen zu lassen.

Zusammenfassend läßt sich einschätzen, daß die Kynol-Faser eine bedeutende Verbesserung gegenüber den vorhandenen Textilfasern darstellt. Die Kynol-Faser ist vor allem im Gegensatz zu den bisher abgehandelten temperaturbeständigen organischen Faserstoffen im Bekleidungssektor vielseitig einsetzbar. Eine wirtschaft-

Tabelle 32

Mindestsauerstoffindex für verschiedene Faserstoffe

Faserprobe	L. O.-Index
Baumwolle	0,18
Viskose	0,19
Polyester	0,20
Wolle	0,25
Dynel	0,27
Nomex	0,28
Kynol/Nomex (50/50)	0,33

liche Verarbeitung zu Geweben und Non-Wovens*) ist möglich. Für extremere Anforderungen wie Feuerisolierung und Hitzeschilde scheint die Kynol-Faser vorteilhafter und auch billiger zu sein als die bisher bekannten Materialien (s. Abschn. 2.3.4.).

2.6. Faserstoffe auf Basis von Leiterpolymeren

Vom Konstruktionsprinzip her kann man vier Strukturtypen aromatischer Polymerer unterscheiden (s. Abb. 8).

Halb-Leiter-Polymere sind bereits u. a. im Abschn. 2.3.4. abgehandelt worden. Im folgenden sollen einige Beispiele für Leiter-Polymere angeführt werden.

2.6.1. Polypyrrone

Angaben über Faserstoffe aus Leiter-Polymeren sind bis jetzt nur wenig vorhanden. In der Literatur wird beschrieben, daß man Faserstoffe aus 6- bis 10%igen Lösungen von Pyrronen in 28%iger Schwefelsäure erspinnen kann [100].

*) Non-Wovens sind nichtgewebte textile Flächengebilde.

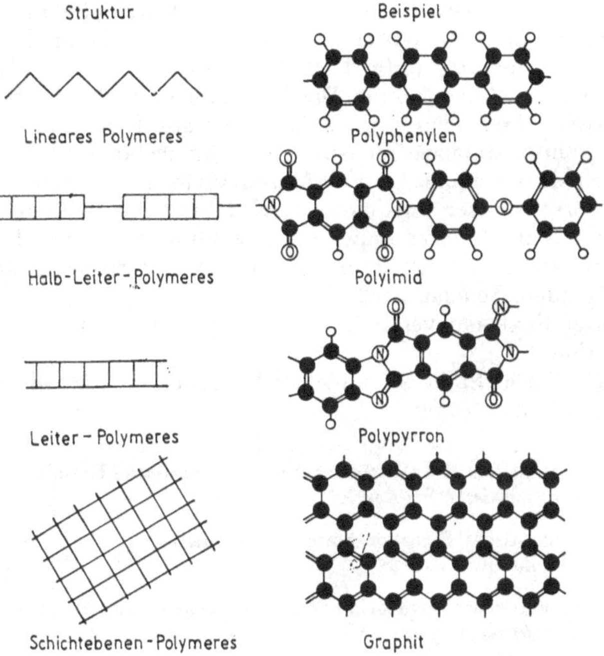

Abb. 8. Vier Strukturtypen aromatischer Polymerer

Nach dem Verstrecken bei 280–650 °C erreichen die Fäden eine Festigkeit von 3,4 p/den, eine Reißdehnung von 4% und einen Elastizitätsmodul von 120 p/den. Dieser Faserstoff besitzt eine ausgezeichnete Wärmebeständigkeit, da bei 550 °C immer noch etwa 50% der ursprünglichen Festigkeit vorhanden sind, die Nullfestigkeitstemperatur liegt bei ca. 700 °C.

Die Polypyrrone werden aus aromatischen Tetraminen und aromatischen Tetracarbonsäuren oder deren Anhydriden hergestellt und zwar in zwei Verfahrensschritten.

In der ersten Stufe wird Pyromellithsäureanhydrid mit

einem aromatischen Tetramin zu einer Polyaminoamidocarbonsäure kondensiert. Diese Säure erhält man bei Raumtemperatur unter leichter Wärmetönung nach dem Lösungsmittelverfahren. Die Reaktion verläuft in einem polaren Lösungsmittel, z. B. Polyphosphorsäure. Die Polyaminoamidocarbonsäure ist schmelzbar und kann nach dem Schmelzspinnverfahren verformt werden. Die verformte Faser wird dann anschließend durch Erhitzen (125–300 °C) unter Sauerstoffausschluß weiter kondensiert zu einem Polyimidazopyrrolon (Pyrron) gemäß folgendem Schema (siehe S. 125).

Die Reaktion verläuft also analog wie bei den Polyimiden.

An dieser Stelle sei kurz ein Vergleich sich ähnelnder Verfahren angegeben:

I. Aromatische Tetracarbonsäuren + aromatische Diamine = *aromatische Polyimide*

II. Aromatische Dicarbonsäuren + aromatische Tetraamine = *Polybenzimidazole*

III. Aromatische Tetracarbonsäuren + aromatische Tetraamine = *Polyimidazopyrrolone*

Die fertige Faser auf Basis Pyrron-Polymeres ist von gelber bis brauner Farbe. Dieser Farbcharakter ist durch ihre aromatische molekulare Struktur bedingt. Die Fasern zeigen eine mittelgroße Orientierung, mittelgroße Kristallinität, eine gute Lichtstabilität und eine ausgezeichnete Widerstandskraft gegen Flammen. Sie sind im auskondensierten Zustand unschmelzbar und in organischen Lösungsmitteln nicht löslich, sehr beständig gegen Hydrolyse durch Wasser und Säuren, aber empfindlich gegenüber der alkalischen Hydrolyse.

Die Pyrron-Polymeren vereinen in sich die guten Eigenschaften der Polyimide mit denen der Polybenzimidazole. Sie übertreffen die Polyimide vor allem an Strahlenresistenz. Dies zeigt der nachstehende Vergleich

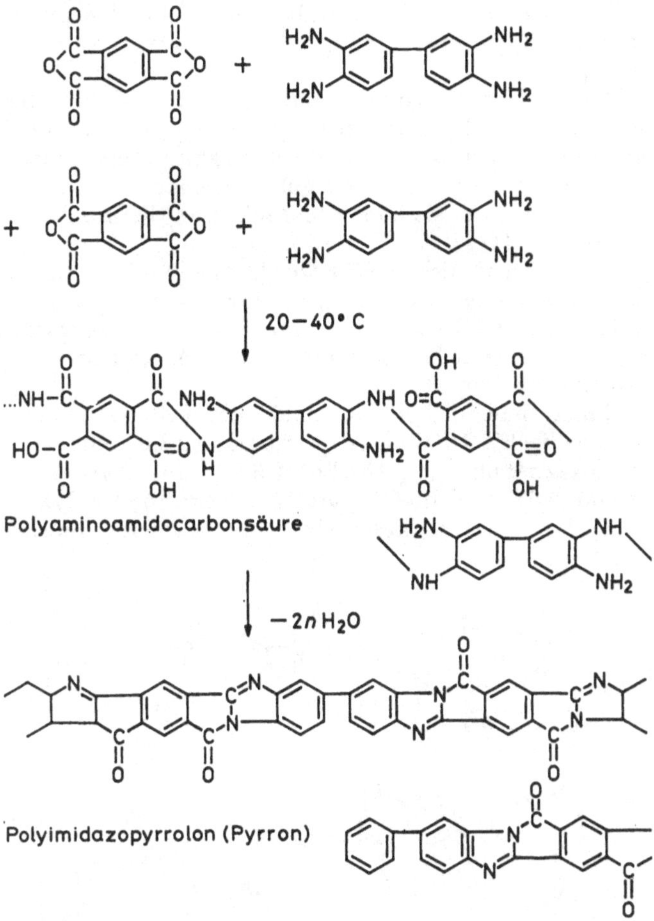

Polyaminoamidocarbonsäure

Polyimidazopyrrolon (Pyrron)

der Strahlenmengen, die noch ohne Schädigung der Polymeren vertragen werden:

Polyäthylenterephthalat	200 Megarad
Polyimid	6000 Megarad
Polyimidazopyrrolon	10000 Megarad

Pyrron-Fasern sind mithin bei der Lösung der mit der Raumfahrt zusammenhängenden Probleme von Bedeutung.

Polyimidazopyrrolone eignen sich u. a. auch zur Herstellung von Membranen, mit denen Wasser durch umgekehrte Osmose gereinigt werden kann. Neben hohem Salzrückhaltevermögen und guten mechanischen Eigenschaften besitzen sie hohe chemische und thermische Beständigkeit [114].

Bisher nocht nicht gelöst wurde das Problem, wie die zur Darstellung erforderlichen stark polaren Lösungsmittel (z. B. DMF) entfernt werden können. Diese werden auch bei höheren Temperaturen (200—250 °C) hartnäckig festgehalten [56, 63].

Einen anderen Typ fadenbildender Leiter-Polymeren stellen die BBB-Polymere (s. Abschn. 2.3.8.), die Polybenzoxazindion-, (s. Abschn. 2.3.9.), die Polybenzoxazolon- [57] und die Polyamidobenzoxazinon-Polymere [101] dar. Letztere lassen sich nach folgendem Schema darstellen:

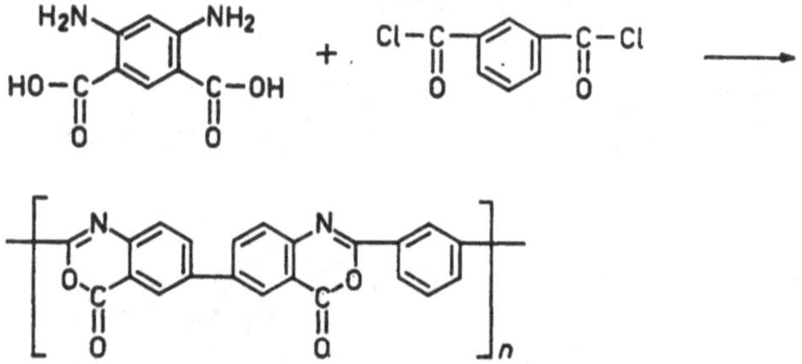

Die Polyamidobenzoxazinon-Faser hat eine Festigkeit von 15—20 Rkm, eine Dehnung von 6—9% und einen Elastizitätsmodul von 1000 kp/mm². Bei 360 °C sinkt die Festigkeit auf die Hälfte ab, allerdings besitzt die Faser nach 100stündigem Tempern bei 300 °C noch 97

bis 100% der Festigkeit des Ausgangsfadens. Die thermische Beständigkeit wird in Luft mit 450 °C, unter Stickstoff mit 550 °C angegeben. Die oxydative Beständigkeit der Polyamidobenzoxazinon-Faser und der Polybenzoxazol-Fasern ähneln somit einander.

Thermisch beständige Polymere mit Phenyl-2-chinazolon-4-Gliedern lassen sich auch zu Fäden verarbeiten. Die Synthese des Polymeren erfolgt nach folgendem Schema:

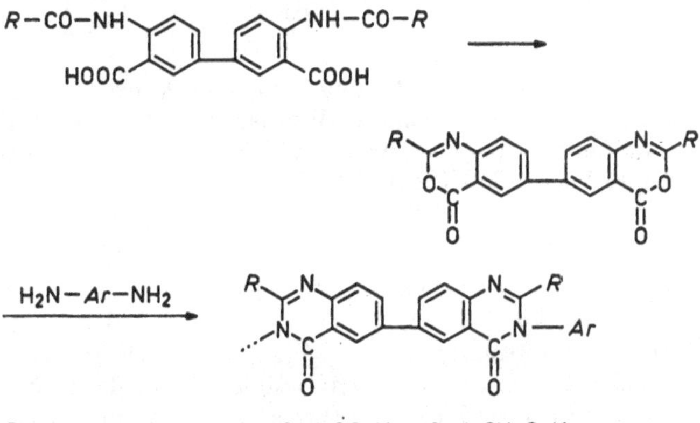

$R = C_6H_5$; CH_3; $Ar = C_6H_4OC_6H_4$; $C_6H_4CH_2C_6H_4$ u.a.

Filme, die aus Chlorphenollösungen erhalten wurden, besaßen eine Festigkeit von 10,9 kp/mm² bei einer Dehnung von 11%. Beim Erhitzen an der Luft findet bis 450 °C kein thermischer Abbau statt. Dies ist auf die Abwesenheit jeglicher aliphatischer CH-Bindungen zurückzuführen. Durch direkte Kondensation von 5.5'-Methylen-bis-(N-acetylanthranilsäure) mit o-Tolidin und anderen aromatischen Diaminen in Polyphosphorsäure entstehen die entsprechenden Poly-(chinazolone-4) nach folgendem Schema:

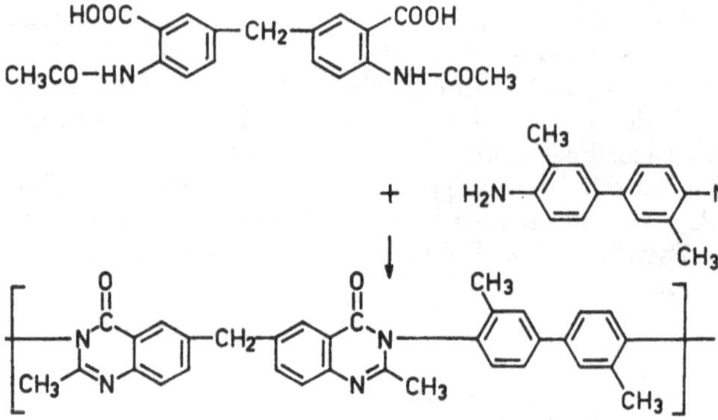

Das so hergestellte Polymere hat in konzentrierter Schwefelsäure eine relative Viskosität von 1,34 (1 g/ 100 m*l* bei 20 °C) und ist nach der thermogravimetrischen Analyse bis ca. 350 °C stabil [111].

2.6.2. Poly-(p-phenylene) und Polyacene

Der Schmelzpunkt von p-Phenylenen steigt vom p-Terphenyl zum p-Sexiphenyl. Molekülmodelle zeigen daß Poly-(p-phenylen) ein starres Linearpolymeres ist. Fasern und Filme aus diesem Polymeren sind ungewöhnlich spröd und kaum dehnbar, da das Molekül nicht gebogen und gewunden werden kann.

Der Einbau von zwei Methylengruppen nach jedem Phenyl-Rest ergibt das wesentlich biegsamere Poly-(p-xylylen). Es kann u. a. durch Pyrolyse von p-Xylol als unlösliches, kristallines Material erhalten werden, das bis 520 °C nicht schmilzt und aus dem sich optisch anisotrope Filme herstellen lassen.

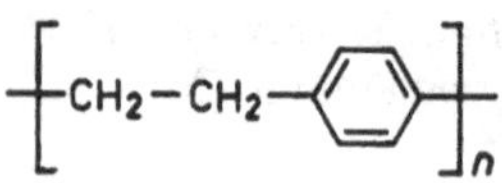

Die Einschaltung von $-CH_2-CH_2$-Gruppen in die Kette des Poly-(p-phenylens) erhöht die Löslichkeit und damit die Möglichkeit, Filme und Fasern herzustellen, erniedrigt allerdings den Schmelzpunkt und die thermische Stabilität. Fügt man zwei Isopropyliden-Gruppen nach jedem Phenylen-Rest in die Polymerkette ein, so ergibt sich ein kristallines Polymer mit besserer Kettenbiegsamkeit aber noch tieferer Schmelztemperatur (300 °C).

Die Synthese solcher Verbindungen gelingt durch Behandlung von Diisopropylbenzol mit t-Butylperoxid.

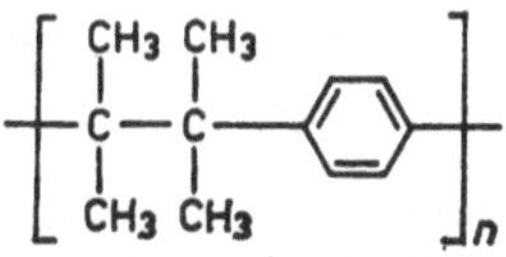

Sehr hoch ist auch die thermische Stabilität des Graphits. Es konnte gezeigt werden, daß Kohlenstoff unter den Bedingungen, wie sie im Weltraum auftreten, feuerfester ist als einige Metalle; theoretisch sollte er dreimal rascher brennen als Wolfram, tatsächlich brennt er zwölfmal langsamer. Dies und der Anstieg der Schmelzpunkte linear und gewinkelt annelierter polycyclischer Aromaten deuten daraufhin, daß das zur Zeit noch unbekannte lineare Polyacen und das gewinkelte Polyphen ähnlich unschmelzbar und hitzebeständig sind wie Graphit. Leiterartig gebaute Polymere, deren Struktur der des Graphits ähnelt, sind vermutlich ebenfalls stabil und dürften wohl auch hohe Schmelzpunkte aufweisen [60].

Die Kohlenstoff- und Graphit-Faserstoffe werden in einem anderen WTB ausführlich behandelt.

Bei der Cyclisierung von 1.2-Polyisopren entsteht lineares Poly-(cycloisopren) mit Molekulargewichten von 15000–30000, das löslich ist und sich somit zu Filmen gießen läßt (Smp. 180 °C).

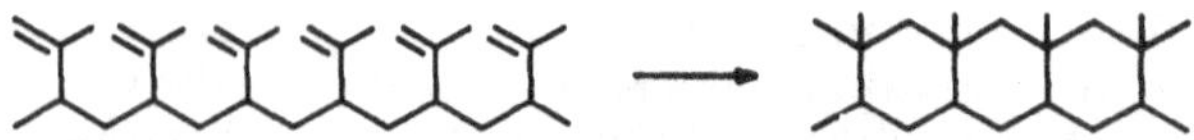

Die Cyclisierung von 1.4-Polyisopren liefert segmentweise gewinkeltes Poly-(cycloisopren) (Smp. 80 °C).

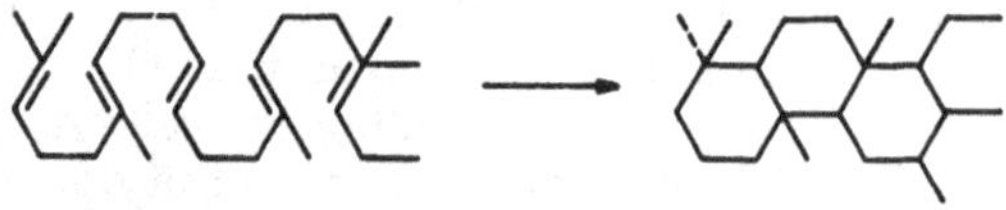

Durch Aromatisierung des linearen oder gewinkelten Poly-(cycloisoprens) kommt man nicht zum Polyacen oder Polyphen, sondern nur zu Bruchstücken von der Größe des Pentacens oder Phenanthrens [102]. Die letzteren Produkte haben bei der Herstellung von fadenbildenden temperaturbeständigen Leiter-Polymeren keine praktische Bedeutung.

An dieser Stelle sei bemerkt, daß die thermische Stabilität von Faserstoffen aus Leiter-Polymeren und Polyheterocyclen an und für sich nach theoretischen Überlegungen erheblich höher sein müßte als in den Beispielen angegeben. Da es jedoch praktisch unmöglich ist, eine 100%ige Cyclisierung zu erreichen, werden die Eigenschaften der resultierenden Strukturen in erheblichem Maße durch die thermische Beständigkeit der verbleibenden „schwachen" linearen Bindungen bestimmt.

2.7. Faserstoffe aus fluorhaltigen Polymeren

Die bekannteste Faser auf Basis eines fluorhaltigen Polymeren ist die Polytetrafluoräthylen-Faser, das sog. Teflon. Diese Faser wurde bereits 1954 von der Firma Du Pont De Nemours, USA, in den Handel gebracht. Tetrafluoräthylen $F_2C{=}CF_2$ wird dabei unter hohem Druck in Gegenwart eines Katalysators (ähnlich wie

Polyäthylen nach der Hochdrucksynthese) polymerisiert und ergibt

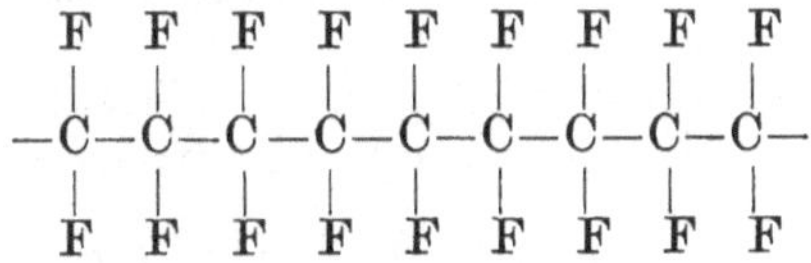

Polytetrafluoräthylen (PTFE)

Polytetrafluoräthylen löst sich in keinem der bekannten Lösungsmittel, läßt sich auch nicht schmelzen oder ohne Zersetzung erweichen. Somit können die gebräuchlichen Herstellungsverfahren für Fasern (Spinnen aus der Lösung, aus der Schmelze oder Auspressen des erweichten Polymeren) nicht für die Herstellung der Teflon-Faser verwendet werden. Wahrscheinlich wird bei der Herstellung dieses Fasertyps ein grundsätzlich neues Spinnverfahren, das Spinnen der durch Emulsionspolymerisation entstehenden Polymeren aus einer Suspension oder Dispersion, angewendet. In der Literatur fehlen bisher genaue Angaben über die Herstellungsbedingungen dieser Faser.

Bei Normalklima liegen Festigkeit und Dehnung der Teflon-Faser zwischen 1,5 g/den mit 24% und 2,2 g/den mit 13%. Das unverstreckte Material hat ca. 200% Dehnung. Teflon stellte eine der ersten temperaturbeständigen Faserstoffe dar. Bei 225 °C hat die Faser noch 25%, bei 300 °C 13% der ursprünglichen Festigkeit. Die Nullfestigkeitstemperatur liegt bei 310 °C, die Erweichungstemperatur bei 327 °C. Bei 400 °C zersetzt sich die Teflon-Faser. Die Faser brennt nicht, sondern glüht in der Flamme, schmilzt anschließend und zersetzt sich unter Entwicklung giftiger Gase.

Teflon-Gewebe lassen sich bei 315 °C mit 1 min Dauer in Heißluft fixieren. Zur normalen Anwendung ist aber schon Kochen in Wasser als Fixierung ausreichend. Die Faser hat weniger als 0,02% Wasseraufnahme und ist wasserabweisend, d. h., Wassertropfen rollen auf Teflon wie Quecksilber auf Glas ab. Der Faden selbst ist schlüpfrig glatt und hat nur zu sehr wenigen anderen Stoffen Adhäsionsvermögen.

Die elektrische Isolierfähigkeit ist gut, die Dielektrizitätskonstante klein. Gebleichtes Garn isoliert besser als ungebleichtes.

Das spezifische Gewicht hat den relativ hohen Wert von 2,2–2,3 g/cm³, bedingt durch die sehr hohe Molekularpackungsdichte. Die Faser ist weich und geschmeidig. Der Faserquerschnitt ist rund, die Seitenansicht leicht narbig. Die Farbe ist braun bis graubeige. Die Teflon-Faser ist gegen alle Chemikalien beständig mit Ausnahme geschmolzener Alkalimetalle. Bei hohen Temperaturen und Drucken greifen noch Fluorgas und Chlortrifluorid die Teflon-Faser an. Bleichen läßt sich die Teflon-Faser nur mit Königswasser. Teflon ist schlecht anfärbbar; nur mit Dispersionsfarbstoffen ist eine leichte Färbung möglich. Durch Einpolymerisation von Farbstoffpigmenten organischer Farbstoffe sind ebenfalls nur schwache Farbtöne zu erhalten.

In der UdSSR wurde die Ftorlon-Faser aus einem fluorhaltigen Polymeren entwickelt, das in Aceton löslich ist. Dies vereinfacht die Herstellung der Ftorlon-Faser und macht es möglich, ihre Festigkeit im Vergleich zur Teflon-Faser wesentlich zu erhöhen. Die Ftorlon-Faser kann aus Acetonlösungen sowohl nach dem Trocken- als auch nach dem Naßspinnverfahren (Spinnbad: 4%ige wäßrige Acetonlösung) gesponnen werden. Zum Unterschied von den meisten Arten der Karbonkettenfasern läßt sich die Ftorlon-Faser bei normaler Temperatur um 300–400% verstrecken. Die zusätzliche Verstreckung erfolgt bei 140–160 °C. Die Gesamtverstreckung der Ftorlon-Faser kann 1600–2000% erreichen.

Die Ftorlon-Faser besitzt eine Dichte von 2,13 bis 2,16 g/cm³. Die spezifische Festigkeit der nur bei normaler Temperatur um 300–400% verstreckten Faser erreicht einen Wert von 50–60 kp/mm² und der um 1500 bis 2000% verstreckten Faser einen Wert von 100 bis 120 kp/mm^2. Die Ftorlon-Faser zeichnet sich durch eine hohe Elastizität aus. In dieser Hinsicht steht sie nur wenig den Polyamid-Fasern zurück. Die thermische Beständigkeit der Ftorlon-Faser, die aus einem Copolymeren mit unregelmäßiger Struktur erhalten wird, ist geringer als die der Teflon-Faser. Mit zunehmender Verstreckung nimmt die Hitzebeständigkeit der Faser zu. Jedoch erreicht die maximale Temperatur, bei der die Erzeugnisse aus dieser Faser verwendet werden können, nicht mehr als 120—130 °C, die Temperaturbeständigkeit der Ftorlon-Faser liegt erheblich unter der aus Polytetrafluoräthylen.

Bezüglich der chemischen Resistenz sind die Ftorlon- und Teflon-Fasern gleichwertig. Ftorlon ist voll beständig gegen konzentrierte Salpetersäure sowohl bei normaler als auch bei erhöhter Temperatur.

In Tab. 33 sind einige charakteristische Parameter der Teflon- und Ftorlon-Faser zusammengestellt.

Weitere fluorhaltige Polymere, aus denen Faserstoffe ersponnen worden sind und die bereits auf dem Markt gehandelt werden, sind ein Mischpolymerisat aus Perfluorpropen und Vinylidenfluorid (Viton) sowie Polyvinylfluorid (Teslar). Polyvinylfluorid wird aus der Schmelze gesponnen und danach kalt verstreckt. Die Faser ist hinsichtlich Temperatur und Schrumpfung den Polyvinylchlorid-Fasern (s. Abschn. 2.9.) überlegen [117, 116].

Auch die Firma Toyo Rayon, Japan, stellt eine Polytetrafluoräthylen-Faser her und handelt sie unter dem Namen Toyflon [119].

Beispiele für neuere fluorhaltige Polymere mit bemerkenswerten physikalischen und thermischen Eigenschaften sind in Abb. 8 angegeben. Es handelt sich bei diesen Polymeren um fluoriertes Polyparaphenylen, Polyparaphenylenoxid und Polyalkyltriazine [4, 63].

Das Verknüpfungsprinzip solcher fluorierter Phenylderivate kann noch variiert werden, wie dies bei dem in

Tabelle 33

Eigenschaften von Teflon- und Ftorlon-Fasern [123]

	Teflon-Faser (Polytetrafluoräthylen)	Ftorlon-Faser (fluorhaltiges Copolymerisat) normal	hochverstreckt
Dichte [g/cm³]	2,2···2,3	2,16	2,16
Reißlg. tr. [km]	9···18	etwa 25	etwa 54
Titerfestigk. tr. [p/den]	1,0···2,0	etwa 2,6	etwa 6,0
Reißfestigk. tr. [kp/cm²]	20···40	etwa 54	etwa 117
Naßreißlängenverhältnis [%]	100	100	100
Bruchdehnung tr. [%]	13···25	etwa 20	etwa 8
Bruchdehnung naß [%]	13···25	etwa 20	etwa 8
Feuchtigkeitsgehalt 65% rel. Feuchte [%]	0	etwa 0,4	

	Teflon-Faser	Ftorlon-Faser
Hitzebeständigkeit:		
Entwicklung giftiger Gase [°C]	200	100···120
Erweichungsbeginn [°C]	327	etwa 150
Zersetzungstemperatur [°C]	etwa 400	230···265
Beständigkeit gegen anorganische Säuren, Alkalien	ausgezeichnet (geschmolzene Alkalimetalle, elementares Jod, Fluor und ClF_3 greifen die Faserstoffe an)	
Verhalten gegen org. Läsungsmittel:	unlöslich	
Verhalten gegen Mikroorganismen:	völlig resistent	

Abb. 9 gezeigten Polyperfluorterephthalat der Fall ist. Es ist allerdings noch nicht gelungen, aus diesen fluorhaltigen Polymeren Faserstoffe zu erspinnen.

Für spezielle Zwecke sind Polyfluorcarbon-Fasern entwickelt worden. Wegen ihrer komplizierten Herstellungstechnologie und des hierdurch bedingten hohen Preises werden sie allerdings nur in verhältnismäßig seltenen Fällen verwendet. Beispielsweise setzt die Firma Du Pont, USA (Produktionsanlage in Richmond, Va.), die Polytetrafluoräthylen-Faser beim Bau von Düsenflugzeugen zur Auskleidung von Lagerschalen des Fahrgestells und an anderen Stellen ein. Die Faser hat Selbst-

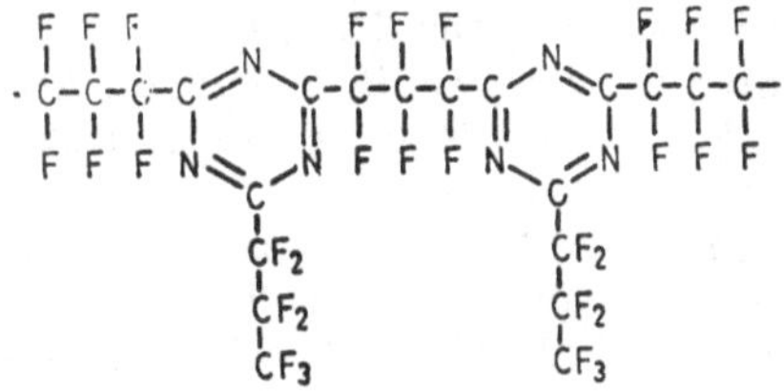

Polyperfluoralkyltriazin

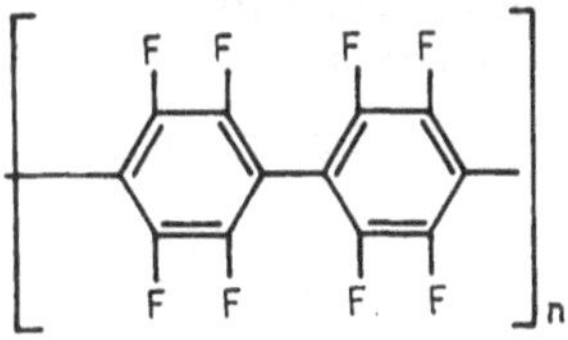

Polyperfluorphenylen

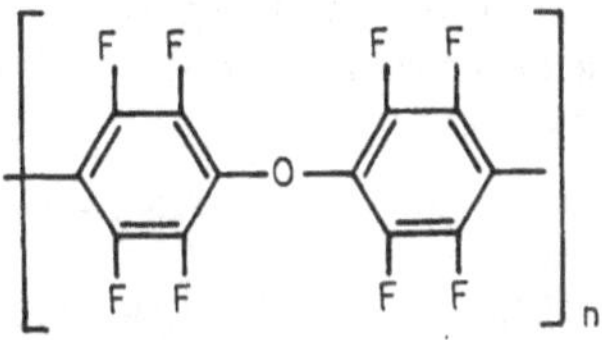

Polyperfluorphenylenoxid

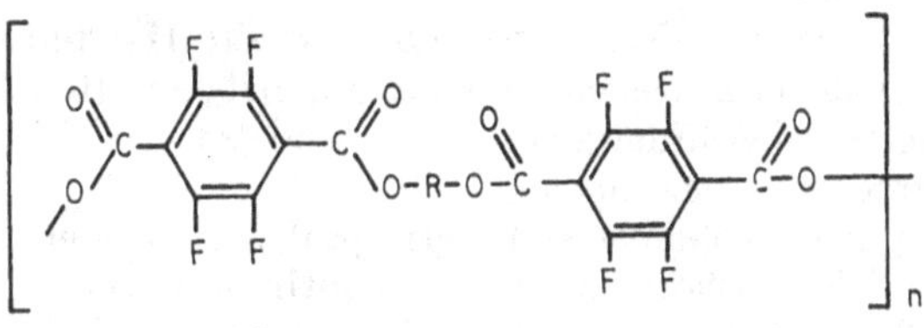

Polyperfluorterephthalat

Abb. 9. Fluorhaltige Polymere

schmiereigenschaften. Das aus dieser Faser gewebte Material hält Druckbelastungen bis zu 42 kp/mm^2 aus und bleibt bei extremen Temperaturen voll funktionstüchtig. Die mit einem Gewebe aus Teflon ausgekleideten Lager sind kleiner und leichter als solche herkömmlicher Bauart [119].

Des weiteren hat die Du Pont eine neue Hochleistungs-Fluorkohlenstoff-Faser entwickelt. Diese neue Fasertype kann bei hohen Temperaturen eingesetzt werden. Die Polymeren werden aus Tetrafluoräthylen und Perfluormethylvinyläther ($F_3C-O-CH=CH_2$) in einer speziellen Laboratoriumseinrichtung für Hochdruck-Emulsionspolymerisaten unter schwierigen Bedingungen hergestellt. Die neue Fluorkohlenstoff-Faser wird möglicherweise in der Raumfahrt eingesetzt [120].

Die Firma Allied Chemical, USA, hat einen neuen Fluorcarbon-Faserstoff, sowohl Monofil- als auch Polyfilseide, entwickelt. Dieser Faserstoff als Halar bezeichnet, hat eine besonders hohe Festigkeit und eine sehr gute chemische und thermische Resistenz und ist nicht entflammbar. Er eignet sich gegen starke Chemikalien schützende Bekleidung. Folgende mechanische Kennwerte wurden bekannt:

Festigkeit	2,3–3,5 g/den
Dehnung	8 –25%
Dichte	1,69 g/cm^3

Der Preis für 1 kg Halar-Monofilseide beträgt ca. 25 Dollar [155].

Die Fluorcarbon-Fasern werden u. a. zur Herstellung von Filtertüchern, besonderen Schutzanzügen, Rohren, Dichtungen, Maschinenteilen usw. und in der Hochfrequenztechnik verwendet.

Da die Fluorkohlenstoff-Fasern praktisch gegen alle herkömmlichen Chemikalien im kontinuierlichen Einsatz bei Temperaturen bis 200 °C inert und fest sind und eine einzigartige haftfreie Oberfläche niedriger Reibung besitzen, werden damit Rohre ausgekleidet, die für hochreine und pharmazeutische Produkte verwendet werden. Da an der Auskleidung nichts haftet, werden Leitungen durch Feststoffe enthaltende oder klebrige Flüssigkeiten nicht verunreinigt und können leicht zur Verwendung mit anderen Produkten durchgespült werden [121].

2.8. Modakryl-Faserstoffe

Die Modakryl-Faserstoffe gehören zur Gruppe der Mischpolymerisate, die durch Copolymerisation von Vinyl- bzw. Vinylidenchlorid mit Akrylnitril, Vinylacetat

u. a. erhalten werden. Der Anteil der Hauptkomponente im Copolymerisat beträgt bei Verwendung von Polyvinylchlorid weniger als 85 Gew.-%, bei Verwendung von Polyvinylidenchlorid weniger als 80 Gew.-%. Die chlormodifizierten Polyakrylnitril-Faserstoffe zeigen flammenhemmende Eigenschaften. Ausgangsstoffe sind u.a.:

Akrylnitril

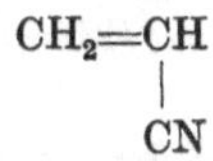

Vinylchlorid

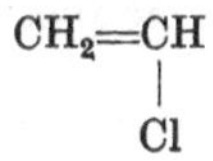

Vinylidenchlorid

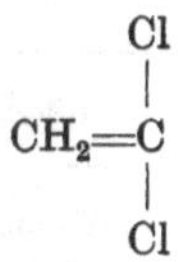

Der chemische Aufbau wird durch folgende Strukturformeln beschrieben:

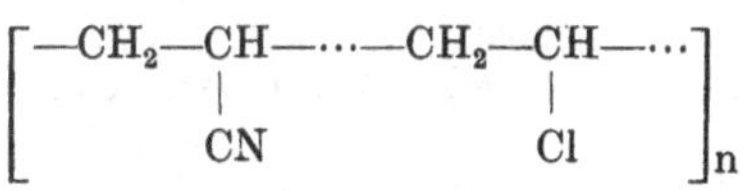

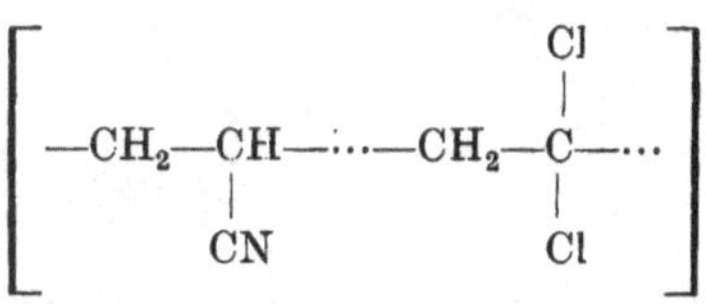

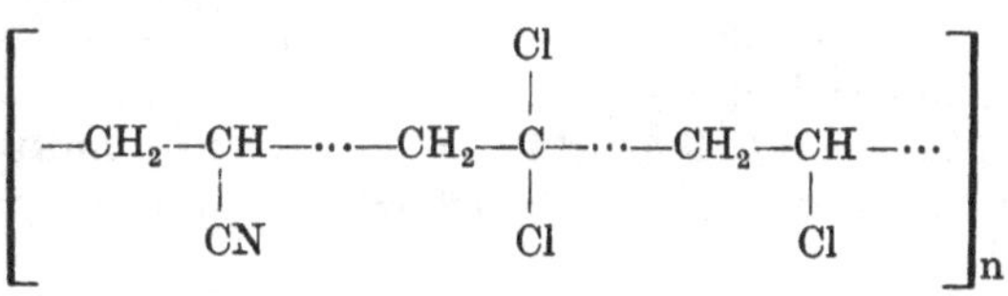

Für die Herstellung auf Basis chlorhaltiger Copolymerisate kommen im wesentlichen 3 Herstellungsverfahren in Betracht:

- Akrylnitril-Vinylchlorid (Emulsionscopolymerisation)
- Akrylnitril-Vinylidenchlorid (Emulsionscopolymerisation)
- Akrylnitril-Vinylidenchlorid (Lösungscopolymerisation in Dimethylformamid)

In Tab. 34 sind die wichtigsten chlormodifizierten Modakryl-Faserstoffe zusammengestellt.

Tabelle 34

Handelsnamen, Zusammensetzung und Hersteller von Modakryl-Faserstoffen

Name	Herstellungsform	Hersteller
Dynel	*F*/*K* (PVC + PVY) 60%/40%	Union Carbide Chemicals, Textile Fibers Department, USA
Kanekalon	*F*/*K* (PVC + PVY) 60%/40%	Kanegafuchi Spinning Ltd., Osaka, Japan
Verel	*F*/*K* (PVC bzw. Polyvinylidenchlorid + PVY) 20%/80%	Tennessee Eastman Co., Division of Eastman Kodak Co., Kingsport, Tenn., USA
Teklan	*F*/*K* (Polyvinylidenchlorid + PVY) 50%/50%	Courtaulds Ltd., Großbritannien
Saniw	*F*/*K* (Polyvinylidenchlorid + PVY) 60%/40%	UdSSR

F = Faser; *K* = Kabel

In den folgenden Tabellen werden die textilphysikalischen und chemischen Eigenschaften von Modakryl-Faserstoffen angegeben.

In Abb. 10 sind die Querschnitts- und Längsschnittaufnahmen der Modakryl-Fasern Dynel und Kanekalon angegeben.

Tabelle 35

Textilphysikalische Eigenschaften von Modakryl-Fasern [154]

Provenienz Merkmal		Dynel [USA]	Kanekalon [Japan]	Verel [USA]
Reißlänge	[km]	27–30	25–28	18
Reißdehnung trocken	[%]	36–46	37–44	51
Reißkraft trocken	[p]	7– 8	8–10	32
Schlingenreißlänge	[km]	18–21	14–16	9
Schrumpfung in H_2O bei 98°C	[%]	6,0	6,0	8
Weißgrad	[%]	70	75	60
Entflammbarkeit der Fasern		sind schwer entflammbar; Flamme selbst verlöschend, Brandstelle hat danach harte, schwarze Kohlereste; tropft während des Brennens nicht.		

Tabelle 36

Chemische Eigenschaften von Modakryl-Fasern [154]

Prüfmerkmal		Dynel	Kanekalon	Verel
Wasserrückhalte-vermögen	[%]	8	14	21
Jodsorption	[mg/g]	6	4	17
N_2-Gehalt	[%]	10	12	
Cl_2-Gehalt	[%]	31	27	28
UP – II. Ordnung	[°C]	68	58	66
Chemikalienbeständigkeit		sehr gut (mit Ausnahme von Oxydationsmitteln in hohen Konzentrationen)	wie Dynel	wie Dynel

Die Längsschnitte lassen einzelne Längslinien und dicht. längsschmale Risse erkennen. Auffällig ist die starke Pigmentierung der Kanekalon-Typen.

Der Dynel-Faser-Querschnitt ist *V*-, *Y*- oder biskuitartig, während Kanekalon einen nahezu bohnenförmigen oder mantelförmigen Querschnitt besitzt.

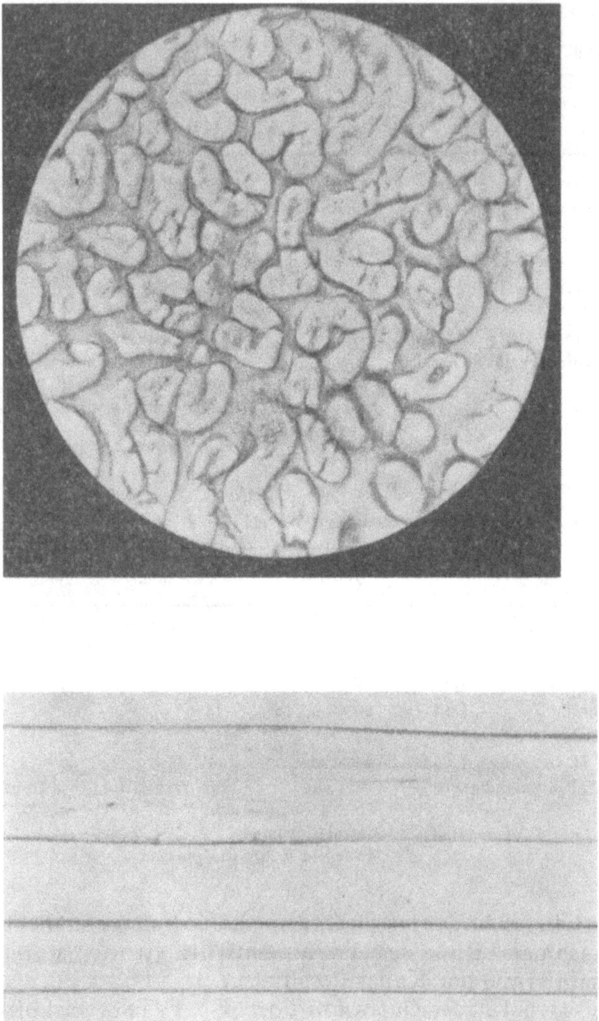

Abb. 10. Quer- und Längsschnitt der Dynel- und Kanekalon-Fasern (Vergrößerung: 500:1)

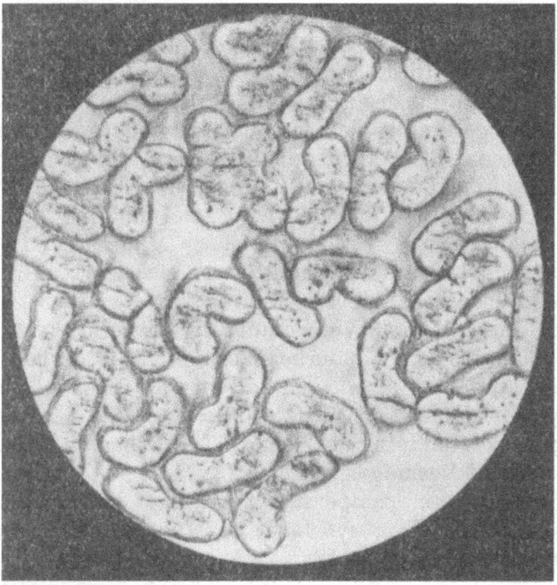

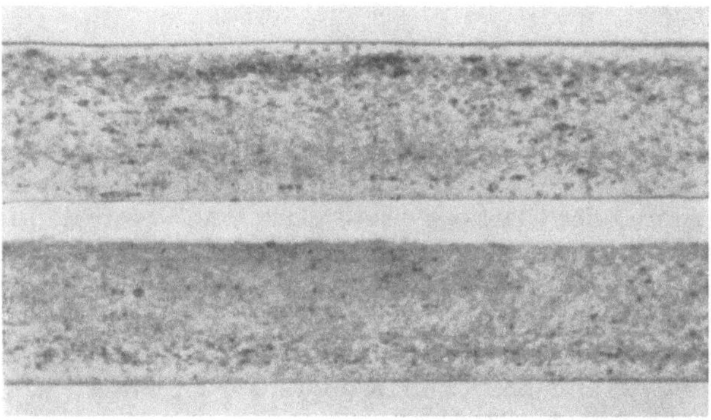

Die erwähnten Modakryl-Faserstoffe wurden bisher hauptsächlich im technischen Sektor, insbesondere zur Herstellung von Filtertüchern, eingesetzt. Dies erklärt sich aus der guten Beständigkeit der Modakryl-Faserstoffgewebe gegenüber einer Vielzahl anorganischer Säuren, Basen, Salze, kochendem Wasser, der geringen Wasseraufnahmefähigkeit und langen Haltbarkeit. In jüngster Zeit werden die chlormodifizierten Modakryl-Faserstoffe auch im Bekleidungssektor eingesetzt. Die Gewebe sind waschbeständig und lassen sich leicht reinigen. Sie sind deshalb zur Herstellung von Textilien geeignet, die einer starken Verschmutzung ausgesetzt sind, wie z. B. Arbeits- und Kinderbekleidung. Ihre Flammensicherheit empfiehlt ihre Verwendung im Sektor der Heimtextilien (Schlafanzüge u. a.) und auch der Kinderbekleidung. Vorteilhaft wirkt sich dabei auch ihr gutes Wärmerückhaltevermögen aus.

Die bekannteste temperaturbeständige Polyakrylnitril-Faser ist die Modakryl-Faser Teklan, die annähernd aus gleichen Teilen Polyakrylnitril und Polyvinylidenchlorid besteht und eine Glasübergangstemperatur von ca. 70 °C besitzt [123]. Sie wird auf Basis einer Emulsionscopolymerisation mit anschließender Acetonverspinnung hergestellt und in einem Sortiment von 0,22 und 1,8 tex produziert.

Teklan ist flammenbeständig, weich, warm, leicht, zugfest, formbeständig, pflegeleicht, beständig gegen Sonnenlicht, Chemikalien, Bakterien und Insekten.

Von der Firma Courtaulds Ltd. ist ein flammfestes Garn entwickelt worden, das aus der Modakryl-Faser Teklan und der Glasfaser „Fiberglass Beta“ besteht. Die hieraus hergestellte Arbeitsbekleidung aller Art ist kerngesponnen und so gewebt, daß die einzelnen Stücke guten textilen Griff haben und die Glasfaser nicht mit der Haut in Berührung kommt. Die Gewebe wurden auch zu Flieger-, Raumfahrer- und Kampfanzügen, Filtern u. a. verarbeitet [8, 124, 125].

Chlormodifizierte Modakryl-Faserstoffe wurden 1970

in einer Größenordnung von 25—30 kt produziert, für das Jahr 1975 werden 35—45 kt/*a* und für 1980 50 bis 70 kt/*a* Produktionsvolumen für möglich gehalten.

2.9. Polyvinylchlorid-Faserstoffe

Polyvinylchlorid-Faserstoffe erhält man durch eine geradkettige Polymerisation einer Vinylverbindung mit mindestens 85 Gew.-% Vinylchlorid.
Die Polymerisation des monomeren Vinylchlorids erfolgt in wäßriger Emulsion stufenweise von 30 °C—60 °C unter Zusatz eines Katalysators.

$$n(CH_2{=}CHCl) \rightarrow \cdots -CH_2-CHCl-CH_2-CHCl- \\ -CH_2-CHCl \\ | \\ \vdots$$

Vinylchlorid Polyvinylchlorid

Das Polyvinylchlorid ist ein farbloses, physiologisch unbedenkliches, unentflammbares Pulver. Es weist ein spezifisches Gewicht von 1,38 g/cm^3 und einen Erweichungspunkt von 80 °C auf, löst sich aber nur in wenigen, meist hochsiedenden Lösungsmitteln (Cyclohexanon, Tetrahydrofuran, Gemische mit Schwefelkohlenstoff). Der Chlorgehalt beträgt 55—58%. Dieses Polymerisat läßt sich nach dem Trocken- und nach dem Naßspinnverfahren zu Fasern verarbeiten. Nach dem Trockenspinnverfahren wird das Polyvinylchlorid in einem Gemisch von Schwefelkohlenstoff und Aceton gelöst, filtriert, entlüftet und im Spinnschacht mit Heißluft im Gegenstrom ausgesponnen. Die Fäden werden heiß oder nach dem sog. Naß-Streckspinnverfahren verstreckt.

Nachchloriertes Polyvinylchlorid wird nach dem Naßspinnverfahren zu Fasern aufgearbeitet. Die Nachchlorierung erfolgt, indem Polyvinylchlorid in Tetrachloräthan oder Tetrachlorkohlenstoff suspendiert und in diese Suspension bei erhöhter Temperatur Chlor eingeleitet wird. Die chlorierte Lösung wird nach Kühlung auf −20 °C bis −30 °C unter Zusatz von Methanol ausgefällt. Das nachchlorierte Polyvinylchlorid, ein weißliches Pulver, hat einen Chlorgehalt von ca. 64—66% und ist in Aceton sowie Methylenchlorid löslich. Dieses nachchlorierte Polyvinylchlorid wird in Aceton gelöst (25%ig), filtriert, entlüftet und in einem Fällbad von Aceton-Wasser versponnen. Die Fäden werden (bis zu 8fach) anschließend sofort verstreckt.

Die spezifischen Eigenschaften der Polyvinylchlorid-Faser erlauben eine vielseitige Verwendung im technischen Sektor und einige, aber nicht zu unterschätzende Einsatzmöglichkeiten auf dem Bekleidungsgebiet.

Der Faserstoff zeichnet sich durch erhebliche Vorzüge aus. Insbesondere ist er absolut unbrennbar, d. h. es entwickeln sich keine Flammen und Schmelzetröpfchen. Er quillt auch in nahezu allen wäßrigen Lösungen nicht. Dies bewirkt, daß er trocken und naß die gleichen textilphysikalischen Eigenschaften aufweist, krumpf- und knitterfrei ist und eine hohe Widerstandskraft gegenüber atmosphärischen und biologischen Einwirkungen besitzt. Bemerkenswert ist auch die hohe Widerstandsfähigkeit gegen Chemikalien, Basen, Säuren und Oxydationsmitteln, allerdings mit Ausnahme gegenüber einigen organischen Lösungsmitteln.

Während Alkohol, Äther und Benzin nahezu ohne Wirkung auf die Faser bleiben, wird durch Toluol, Trichloräthylen, Benzol, Schwefelkohlenstoff, Aceton, Chloroform u.a. eine mehr oder weniger starke Quellung bzw. teilweise Lösung hervorgerufen.

Gewisse Faserschädigungen können auch durch Chlor und schweflige Säure in hohen Konzentrationen verursacht werden.

Das hohe Wärmehaltevermögen sowie die durch Reibung hervorgerufene Triboelektrizität dieser Faserstoffe sind die Ursache eines therapeutischen Effektes bei Rheumaerkrankungen.

Die gute Isolierfähigkeit dieser PVC-Fasern ermöglicht auch vielseitige Einsatzmöglichkeiten im Baugewerbe.

Die hohe Schrumpfneigung in Heißwasser und Heißluft sowie die sehr gute Thermoplastizität haben ferner zahlreiche Verwendungsmöglichkeiten im Vliesstoffsektor erschlossen, die voraussichtlich zu einer Steigerung des Bedarfs an PVC-Fasern führen werden.

Die sonstigen Eigenschaften der Fasern wie Reißlänge, Dehnung usw. bilden eine wichtige Voraussetzung für eine einwandfreie Verarbeitung, für die wachsende Nachfrage sind sie aber nicht ausschlaggebend. Letztere beruht vielmehr auf den spezifischen Eigenschaften der Faser: Thermoplastizität, hohe Chemikalienbeständigkeit, Nichtbrennbarkeit, Wasserunempfindlichkeit, Schrumpfvermögen und Triboelektrizität [126].

Die hauptsächlichen Anwendungsgebiete für Polyvinylchlorid-Faserstoffe sind in Tab. 37 zusammengestellt.

Tabelle 37

Haupteinsatzgebiete für Polyvinylchlorid-Faserstoffe [126]

Sektor	Sortiment	spezifisch wirkende Fasereigenschaften
Technischer Sektor	Nadelkrumpfvlies Fußbodennadelfilz nichtgewebte Filze	1. Thermoplastizität 2. akustisches Isolierungsvermögen in Verbindung mit 1.
	Filtertücher Arbeitsschutzkleidung	1. hohe Chemikalienbeständigkeit (mit Ausnahme spezif. organ. Lösungsmittel) 2. hohe Wasserunempfindlichkeit 3. Nichtbrennbarkeit
Bekleidungssektor	Rheumaunterwäsche Decken	Triboelektrizität für physikalische Therapie
Sonstiger Sektor	Dekoartikel (Vorhänge, Markisen, Autopolsterungen, Pelze, Skibekleidung, Teppiche u. a.)	Nichtbrennbarkeit
	Handstrickgarne (Bauschgarne)	hohes Schrumpfvermögen in Heißluft und Naßdampf

Die wichtigsten Produzenten für Polyvinylchlorid-Faserstoffe sind die UdSSR, Frankreich, Japan und Italien. In den letzten Jahren zeichnen sich Produktionskapazitätserweiterungen ab. Dies geht aus den Angaben der Tab. 38 hervor.

Tabelle 38

PVC-Faser-Produktionskapazitäten [127, 128, 126]

[t/a]	Frankreich	Japan	Italien
1966	17600	7600	2400
1967	17600	8900	3300
1968	20000	9900	4250
1970	21000	14200	6610

Dieser Aufschwung resultiert hauptsächlich daraus, daß sich die Polyvinylchlorid-Faserstoffe auf Grund ihrer spezifischen Eigenschaften neue Einsatzgebiete erschlossen haben, u. a. den Vliesstoff- und Nadelfilzsektor.

In Tab. 39 sind die wichtigsten Polyvinylchlorid-Fasern zusammengestellt. Diese Übersicht veranschaulicht die allgemeinen und typischen Eigenschaften der zur Zeit international produktionsmäßig hergestellten Polyvinylchlorid-Fasertypen. Daraus läßt sich ableiten, daß sich die verschiedenen Provenienzen hauptsächlich im Erweichungsbereich, dem damit verbundenen Schrumpfniveau und den davon abhängenden allgemeinen textilphysikalischen Eigenschaften unterscheiden. In bezug auf Thermoplastizität, Schrumpfniveau sowie Reißlänge und Reißdehnung kommen die Rhovyl- und Fibravyl-Fasern der Piviacid-Faser am nächsten. Beide Typen besitzen in etwa das gleiche Schrumpfniveau, die gleiche oder ähnliche Thermoplastizität und unterscheiden sich bezüglich der Faser-Reißlänge nur gering. Alle übrigen Fasereigenschaften, wie Triboelektrizität, Chemikalienbeständigkeit und Nichtbrennbarkeit besitzen alle aufgeführten Polyvinylchlorid-Fasern.

Tabelle 39

Eigenschaften von Polyvinylchlorid-Faserstoffen

Provenienz / Merkmal	Piviacid Faser (DDR)*)	Movil-Faser (Italien)	Teviron-Faser (Japan)	Rhovyl-Faser (Frankr.)	Fibravyl-Faser (Frankr.)	Retractyl-Faser (Frankr.)	Thermovyl-Faser (Frankr.)	Clevyl-Faser (Frankr.)
Reißlänge [km] tr.	17	16	25–30	24···27	26	18	13	20
naß	17	16	25–30	24–27	26	18	13	20
Reißdehnung tr.	45	103	25···35	25–28	26	70	128	62
naß	45	—	25–35	25–28	26	70	128	62
Schlingenreißlänge [km]	7,5	—	—	—	9	15	10	13
Schrumpfung in H_2O bei 98°C [%]	60	27	12,5	50	57	35	0–5	2,8
beginnende Thermoplastizität [°C]	60–70	70–80	105–110	70–80	70	80–85	100 (115–120)	100 (120–135)
Dichte [p/cm³]	1,44	1,37	1,39	1,40	1,35	1,35	1,35	1,38
Weißgrad [%]	75	83	75	—	76	—	—	—
Chemikalienbeständigkeit	sehr gut (mit Ausnahme spez. Lösungsmittel)	wie Piviacid (teilw. günstiger)	wie Piviacid	wie Piviacid	wie Piviacid	wie Piviacid	wie Piviacid	wie Piviacid g
Nichtbrennbarkeit	×	×	×	×	×	×	×	×
triboelektrische Eigenschaften	×	×	×	×	×	×	×	nicht bekannt

Erklärung: × = Eigenschaft vorhanden; + = nachchloriert

In Abb. 11 sind die Querschnitts- und Längsansichten einiger PVC-Fasern angegeben. Für die Längsansichten sind die durchgehenden Risse charakteristisch. Ferner ist für die PVC-Fasern ein nahezu kreisrunder bzw. mehr oder weniger eingeschnürter Querschnitt kennzeichnend.

In Frankreich, Japan und Italien werden intensive Forschungsarbeiten auf dem PVC-Fasersektor durchgeführt, die besonders in Richtung Hitzebeständigkeit und Erhöhung des Erweichungspunktes gerichtet sind.

Der Societé Rhovyl gelang es, die Clevyl-Faser durch Erhöhung der Festigkeit auf 15,3—18,0 p/tex und eine größere Dimensionsstabilität bei höheren Temperaturen zu verbessern. Clevyl widersteht einer Temperatur von 120 °C [126, 129]. Die französische Firma Rhovyl SA brachte mit dem Typ Stavinyl eine neue temperaturbeständige, unbrennbare und chemikalienresistente Polyvinylchlorid-Faser auf den Markt. Im Rahmen eines mit der italienischen Firma Chatillon-ACSA getroffenen Abkommens wird diese Faser in Italien hergestellt und dort unter dem Namen Leavin gehandelt.

Stavinyl bzw. Leavin sind neuartige Polymere, die bis zu 155—160 °C beständig sind. Selbst bei höchsten Temperaturen brennen diese Fasern nicht. Ihre Licht- Wetter- und Chemikalienbeständigkeit ist ausgezeichnet. In Verbindung mit den besonderen elektrischen Eigenschaften ist daher dieser Fasertyp auch für die Rheumabehandlung sehr gut geeignet [126, 8].

Im folgenden wird auf die neue flammfeste Polyvinylchlorid-Faser Leavin näher eingegangen.

Das Polyvinylchlorid hat keine uniforme Struktur. Es enthält aber in der polymeren Kette Segmente, in denen die monomeren Einheiten in regelmäßiger Anordnung liegen, sog. syndiotaktische Sequenzen. Länge und Häufigkeit dieser regelmäßigen Bereiche können innerhalb bestimmter Grenzen durch graduelles Vermindern der Polymerisationstemperatur vergrößert werden, wodurch ein Polymeres mit besseren mechanischen Eigenschaften und höherer Wärme- und Lösungsmittelbestän-

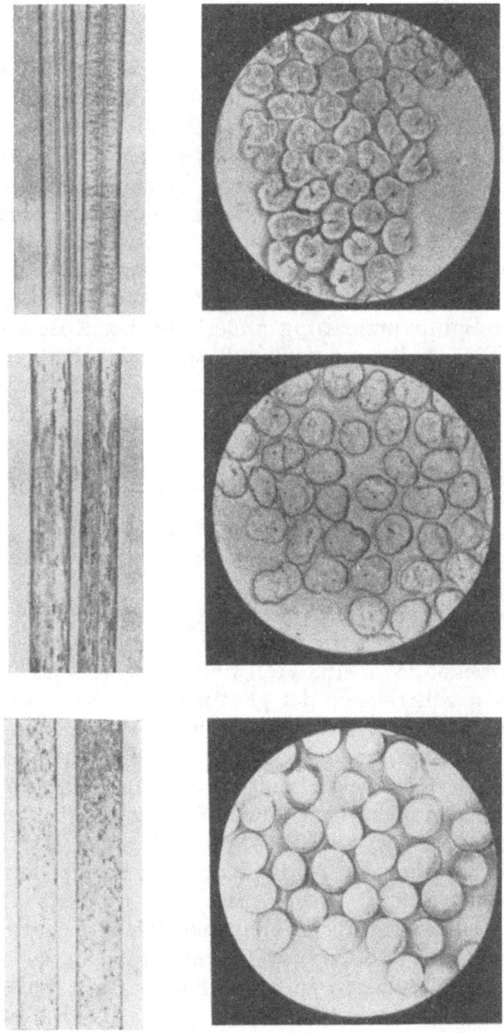

Piviacid

Movil

Teviron

Abb. 11. Querschnitts- und Längsansichten von Piviacid-, Movil- und Teviron-Fasern (Vergrößerung: 500:1)

digkeit entsteht. Dies macht allerdings die Entwicklung eines neues Spinnprozesses notwendig.

Es wurde ein Tieftemperaturverfahren für die Herstellung von Polyvinylchlorid entwickelt, wobei die Polymerisation unter 0 °C erfolgt. Dabei entsteht ein syndiotaktisches Polymer. Besondere Bedingungen wurden erarbeitet, um dieses PVC-Polymere in Cyclohexanon bei einer Temperatur von über 100 °C bis zum Augenblick der Extrusion in Lösung zu halten. Eine besondere Anordnung der Spinndüsen, bei der die Düsen außerhalb des Spinnbades eingebaut sind, gestattet die Unterbringung der Spinnvorrichtung außerhalb des Koagulationsbades. Ein Dreikomponenten-Koagulationsbad aus Cyclohexanon, Wasser und einem Lösungsmittel für beide, z. B. Äthylalkohol oder Aceton, bewirkt die Formung des Fadens. Die Faserbündel — einige zehntausend Einzelfasern — werden anschließend ausgewaschen, in siedendem Wasser auf das Siebenfache und höher verstreckt, getrocknet, unter Spannung und erhöhter Temperatur fixiert und schließlich unter Dampfdruck entspannt.

Während die Arbeitsstufen der Auflösung und Koagulation kritisch für den erfolgreichen Spinnprozeß sind, ist das Verstrecken, Warmfixieren und Entspannen entscheidend für das Erreichen der gewünschten Faserstoffeigenschaften. Mit diesem Verfahren wird ein Grad der Kristallinität erreicht, wie er sonst bei syndiotaktischen Polymeren bisher noch nicht erzielt werden konnte. Durch Röntgenstrahluntersuchungen wurde in der gestreckten Faser eine Kristallinität von 25—30% gefunden. Durch thermische Behandlung kann die Kristallinität der ausgerüsteten Fasern auf 65% gesteigert werden. In Tab. 40 sind die wichtigsten mechanischen Eigenschaftsparameter der Leavin-Faser zusammengestellt:

Diese Kennzahlen liegen in allen Fällen über denen für normale PVC-Fasern bei Raumtemperatur. Bis zu 130 °C ist Leavin formbeständig. Bei 150 °C beträgt der Faserschrumpf nur 10%. Leavin verträgt Heiß-Naß-

Tabelle 40

Fasereigenschaften von Leavin [130] für verschiedene Feinheiten

Denier	Festigkeit [p/den]	Dehnung [%]	Elastizitätsmodul [g/den]	Umkehrpunkt [g/den]	Knotenpunkt [p/den]	Knotenfestigkeit [%]
1,5	3,20	36	32	0,60	2,8	86
2,0	3,20	38	31	0,55	2,7	84
3,5	3,10	40	30	0,55	2,5	80
5,0	2,90	46	28	0,50	2,1	74
8,0	2,80	50	28	0,40	1,9	70
15,0	2,60	60	27	0,50	1,7	66
25,0	2,30	70	25	0,50	1,4	63

behandlungen sehr gut. In Wasser von 90 °C behält es mehr als 50% seiner Festigkeit ohne Zunahme der Dehnung und bei einer nur geringen Verminderung des E-Moduls. Diese Eigenschaften lassen Leavin für solche Stoffe besonders geeignet erscheinen, die häufig — insbesondere auch bei hohen Temperaturen — gewaschen werden müssen. Die Leavin-Faser wird weiß oder spinngefärbt, glänzend oder mattiert in einem weiten Titerbereich hergestellt (s. Tab. 40). Infolge ihres bohnenförmigen, glatten Querschnittes zeigt die Faser eine starke Lichtreflexion. Abb. 12 zeigt die EM-Aufnahme einer Leavin-Faser (1:10000 Vergrößerung). Obwohl die Leavin-Faser nicht zu steif ist, besitzt sie einen ziemlich hohen Anfangsmodul und ausgezeichnete elastische Erholung bei Deformation unter 5%.

Die Verwendung von Leavin-Fasern kommt vor allem für die Herstellung von Gegenständen in Frage, bei denen es wegen möglicher Feuergefahren auf Flammfestigkeit ankommt, z. B. bei Teppichen, Vorhängen, Polstermöbelbezügen, Decken usw. Denn Leavin ist unentflammbar! Wegen seines Gehaltes an Chlorverbindungen (56%) wirkt es verzögernd auch beim Entflammen von Garnen, denen es beigemischt ist. Die Leavin-Faser eignet sich besonders gut für Mischgewebe mit Viskose- und Polyakrylnitril-Fasern, aber auch mit Wolle, Baumwolle, Polyester und Polyamid-Fasern.

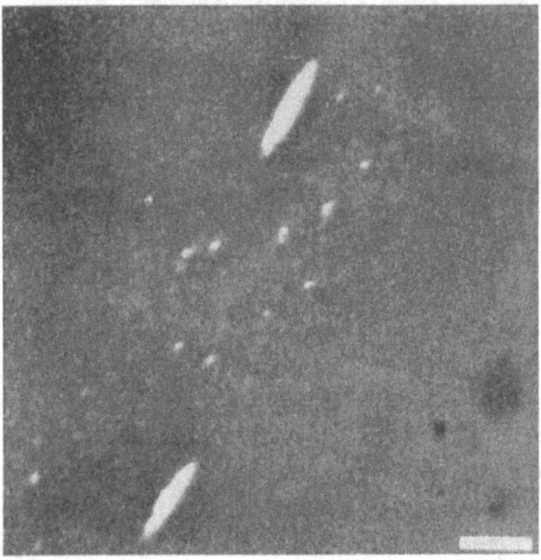

Abb. 12. EM-Aufnahme der Leavin-Faser (Vergrößerung: 1:10000)

Abschließend sei noch auf die besonders gute Beständigkeit von Leavin gegenüber Chemikalien hingewiesen. Tab. 41 zeigt eine Zusammenstellung der prozentualen Restfestigkeit in Abhängigkeit von der Einwirkungsdauer und Temperatur für eine Reihe von Chemikalien. Dieses Verhalten macht die Verwendung der Faser für Schutzbekleidungen interessant, da damit Flammen- und Chemikalieneinwirkungen begegnet werden kann. Das gleiche gilt für industrielle Anwendungsbereiche, wie z. B. Filtertücher und Filze, die auch bei korrosiven Beanspruchungen und hohen Temperaturen eingesetzt werden können.

Varlen heißt eine neue PVC-Faser der Firma Teijin Ltd., Japan. Sie besitzt verbesserte Hitzebeständigkeit, gute Färbbarkeit und Isoliereigenschaften. Sie wird für Handstrickgarne, Decken, Damen- und Kinderbekleidung,

Tabelle 41

Chemikalienbeständigkeit der Leavin-Faser

Chemisches Agens	Prüfbedingungen	verbleibende Festigkeit [%]
2% HNO_3	168 Std. bei 27 °C	86
2% H_2SO_4	168 Std. bei 27 °C	100
2% HCl	168 Std. bei 27 °C	100
2% NaOH	168 Std. bei 27 °C	97
2% H_2SO_4	1 Std. bei Siedetemperatur	100
30% H_2SO_4	1 Std. bei Siedetemperatur	98
2% NaOH	1 Std. bei Siedetemperatur	97
30% NaOH	1 Std. bei Siedetemperatur	85
Ameisensäure	2 Std. bei 27 °C	
Benzol	2 Std. bei 27 °C	
Äthylalkohol	2 Std. bei 27 °C	
Kohlenstoff-Tetrachlorid	2 Std. bei 27 °C	91
Äther	2 Std. bei 27 °C	89
Dioxan	2 Std. bei 27 °C	91
Trichloräthylen	2 Std. bei 27 °C	89
Benzin	2 Std. bei 27 °C	94

Herrenhosen, Winterkleidung, Pullover, Socken und Strümpfe eingesetzt [131].

Die Kokoku Rayon, Japan, entwickelte die flammfeste Polyvinylchlorid-Polyvinylalkohol-Faser Cordela. Die Cordela-Faser besteht hauptsächlich aus Vinylchlorid, gepfropft mit Polyvinylalkohol und aus einer kleinen Menge Polyvinylalkohol, in Matrixfasern zugesetzt.

Gesponnen wird nach einem besonderen Emulsionsverfahren. Die Faser hat einen wollähnlichen Griff. Die aus ihr gefertigten Gewebe zeichnen sich durch gute Scheuerfestigkeit aus. Die Faser kann mit verschiedenen Farbstoffklassen in guten Echtheiten gefärbt werden. Die Feuchtigkeitsaufnahme ist gut, die elektrische Aufladung gering und die störende Pillneigung fehlt. Hervorzuheben ist die Nichtbrennbarkeit und die Dimensionsstabilität. Einsatzgebiete sind wegen der Feuerfestigkeit: Heimtextilien, Kinder- und Arbeitsschutzbekleidung [132].

Die Nippon-Carbide Industries Ltd., Japan, entwickelte die PVC-Faser Nicarina, die hauptsächlich als Perückenfaser auf dem Markt gehandelt wird. Bisher wurden Perücken vorwiegend aus Modakryl-Fasern hergestellt [133].

Die Kohjin Co., Ltd. Osaka, Japan, hat eine Bikonstituenten-Matrix-Faser aus Polyvinylalkohol und Polyvinylchlorid entwickelt. Gemischt mit 25% Baumwolle erhält man schwerentflammbare Gewebe. Die Faser ist hautverträglich und mit basischen, kationischen und Dispersionsfarbstoffen leicht zu färben [156].

3. Flammfestausgerüstete Faserstoffe

Die hochtemperaturbeständigen organischen Faserstoffe haben ebenso wie die anorganischen neben sehr günstigen Eisenschaften auch einige Nachteile. Insbesondere macht ihre technische Verarbeitung Schwierigkeiten, weil Griff und Farbbrillanz nicht immer befriedigend sind oder dem Färben Hindernisse entgegenstehen. Sie sind auch — zum Teil wegen ihrer komplizierten Herstellung — sehr teuer. Man ist deshalb bestrebt, neben der Synthese hochtemperaturbeständiger organischer und anorganischer Faserstoffe auch eine Verbesserung der herkömmlichen textilen Fasern zu erreichen, indem man sie flammfest ausrüstet. Erstere werden hauptsächlich im technischen Sektor eingesetzt, letztere dominieren im textilen Bereich, so z. B. Viskose-, Polyamid-, Polyester- und Polyakrylnitril-Faserstoffe.

Die schon heute dringende Forderung nach flammfesten Fasern wird sich vermutlich in den nächsten Jahren noch verstärken.

Folgende Möglichkeiten sind gegeben: Man kann Textilien gänzlich aus flammfesten Fasern herstellen oder aus Mischungen mit solchen oder man kann flammfeste Faserzusätze verwenden oder Textilien mit Flammfestausrüstungen versehen.

Was gemacht werden muß, richtet sich nach den

Gegebenheiten des Einzelfalles. Eine allgemein gültige Antwort läßt sich nicht geben, da das Gebiet der textilen Fertigung außerordentlich groß ist und die Anforderungen an bestimmte Eigenschaften überaus mannigfaltig und differenziert sind. Für einen weiten Bereich der Textilfaserproduktion genügt zur Erzielung eines angemessenen Flammenschutzes eine Verwendung von Fasern, die selbst unentflammbar — auf andere mit ihnen verarbeitete Fasern flammenhemmend wirken, sofern ihre Herstellungskosten in wirtschaftlich tragbaren Grenzen liegen [125, 130].

Die Entwicklung auf dem Gebiet des textilen Flammschutzes verläuft z. Z. in zwei Richtungen: einmal wurden Synthesefasern entwickelt, die auf Grund ihres chemischen Aufbaues unbrennbar sind, und zum anderen bemüht man sich, brennbare Fasern durch entsprechende Zusätze flammfest zu machen.

Um die Brennbarkeit eines Fasermaterials zu vermindern, sind prinzipiell zwei verschiedene Wege denkbar:

a) Durch Erhöhung der für die Pyrolyse erforderlichen Energie (intensive Vernetzung).

b) Durch Verminderung der bei der Verbrennung der Pyrolyseprodukte freiwerdenden Energie (Verminderung der brennbaren Pyrolyseprodukte oder Verlangsamung des Brennvorganges). Eine Verlangsamung des Brennvorganges um eine Verminderung der freiwerdenden Wärmeenergie wird durch Zusatz von Chlor- und insbesondere von Bromverbindungen erreicht. Halogenverbindungen wirken als Radikalfänger für die primär entstehenden radikalischen Pyrolyseprodukte.

Eine Beeinflussung des Brennverhaltens von Polyakrylnitril-Faserstoffen ist schwieriger als bei PA- und PE-Faserstoffen. Die Ursachen, die ein Weiterbrennen begünstigen, sind der geringe Sauerstoffbedarf sowie der geringe Energieaufwand für die Pyrolyse und die Verdampfung der Pyrolyseprodukte. Außerdem bilden die Pyrolyseprodukte schon in geringer Konzentration mit Luft ein brennfähiges Gasgemisch.

Durch eine gelenkte thermische Behandlung läßt sich bei PVY-Faserstoffen eine Erhöhung des unbrennbaren Verkohlungsrückstandes erreichen, was eine Verminderung der flüchtigen Pyrolyseprodukte zur Folge hat (oxydative Cyclisierung).

Die Brennbarkeit und der Flammschutz von Textilien sind ein äußerst komplexes Problem. Es genügt nicht, daß man eine Faser oder ein Gewebe einfach unbrennbar macht. Eine Reihe weiterer Anforderungen müssen erfüllt werden, z. B.:

Keine Griffbeeinflussung, geringe Zumischungs- bzw. Auftragsmenge, gute Wasch- und Reinigungsbeständigkeit, keine hautreizenden Substanzen, möglichst keine Entstehung toxischer Gase bei der thermischen Zersetzung, möglichst keine Verschlechterung der physikalisch-technologischen Eigenschaften (z. B. Verringerung der Reißfestigkeit).

Das Brennverhalten der Textilien kann nicht mit einer einzigen Meßgröße charakterisiert werden. Es sind eine Reihe von Eigenschaften zu berücksichtigen. Um das Brennverhalten richtig zu beschreiben, sollten eine Reihe von Angaben über Einzelerscheinungen und Einflußfaktoren bekannt sein:

Chem. Zusammensetzung
physikal. Feinbau

Angebot an O_2

Form und	Lage des Fasergutes
Struktur	Brandrichtung

Bei den unabhängig veränderlichen Größen sind dies:

der Prüfling, dessen Abmessungen, dessen Lage
die Zündung
der Zündstoff und damit die Zündtemperatur
die Zünddauer
die Zusammensetzung der Gasphase und das Angebot an Sauerstoff.

Bei den abhängig veränderlichen Größen sind es die Wertungskriterien:

das Nachflammen
das Nachglimmen
die verkohlte Fläche bzw. Einreißlänge
der zeitliche Brennverlauf
Verbrennungsgase und Rauch
Rückstand, Bildung geschmolzener Anteile
Sauerstoff-Bedarf (LOI-Index)
die Verkohlungstemperatur

Besonders bei Textilien hat die Art und Weise der Sauerstoffzufuhr zur Brandstelle große Bedeutung (Textilgut hängt lose herab oder liegt auf einer Unterlage, dichtes oder offenes Gewebe). Das Schmelzen thermoplastischer Gewebe wirkt gefahrmindernd im Hinblick auf die Entzündbarkeit, wenn die Schmelze von der Zündquelle zurückweichen kann. Befindet sich jedoch das Gewebe auf einer Unterlage, so daß die Schmelze nicht zurückweichen oder abtropfen kann, so ist eine Entzündung möglich. Auf der Haut haftende Schmelzen führen zu schweren Brandverletzungen.

Die Brennbarkeit eines Gewebes kann durch Färbungen und Ausrüstungen stark beeinflußt werden (Chromfarbstoffe, Silikonausrüstung). Nicht bei allen Textilien ist eine hohe Wasch- und Reinigungsbeständigkeit erforderlich; für Bodenbeläge, Polsterbezüge, Wandbehänge, Kfz.-Innenausstattungen genügt eine halbpermanente Ausrüstung vollauf.

3.1. Wirkungsweise von Flammfestausrüstungen

Die Flammfestmachung von Fasern läßt sich im allgemeinen durch eine der im folgenden kurz beschriebenen Methoden erreichen:

1. Bei der chemischen Methode werden Substanzen verwendet, die den Mechanismus der Verbrennungsreaktion beeinflussen. Beispielsweise imprägniert man Cellulose mit Phosphorverbin-

dungen, die in der Hitze in P_4O_{10} übergehen. Hierbei handelt es sich um ein sehr wirksames Trockenmittel, das (intermediär entstehendes) Wasser bindet. In der Hitze dehydratisiert es das Kohlenhydrat Cellulose. Übrig bleibt Kohlenstoff, der nur sehr zögernd brennt. Außerdem verhindern die Phosphorverbindungen das Nachglühen des Kohlenstoffs. Für diesen Ausrüstungstyp ist charakteristisch, daß das Textilgut rasch verkohlt und ein fester Kohlenstoffrest zurückbleibt, während nicht ausgerüstetes Material nahezu vollständig verbrennt.

2. Bei der Gasmethode werden Produkte benutzt, die beim Erhitzen unbrennbare Gase abgeben. Letztere hüllen den Brandherd ein und ersticken die Flammen.

3. Die Beschichtungstheorie beruht auf dem Einsatz von Mitteln, die in der Mitte schmelzen und dabei das Textilgut mit einem Schutzfilm überziehen [125].

Für den Wert eines Flammenschutzmittels ist jedoch nicht allein maßgeblich, daß es die Brennbarkeit des zu schützenden Gegenstandes ausschaltet oder herabsetzt, es müssen auch noch einige weitere Voraussetzungen erfüllt sein:

1. Geringer Preis.
2. Es muß sich leicht in das Polymere einarbeiten oder einbauen lassen.
3. Es darf die physikalischen Eigenschaften der Polymeren bzw. des Faserstoffes nicht ungünstig beeinflussen.
4. Es darf keine toxischen Eigenschaften aufweisen, die die Verwendung des Faserstoffes beeinträchtigen.

Nach R. H. Dahms [134] gibt es folgende Möglichkeiten, um ein Polymer flammfest zu machen:

1. Das Polymer wird gegen Zersetzung bei Flammtemperaturen geschützt, so daß keine Bildung brennbarer Abbauprodukte eintreten kann. Ein Weg hierzu ist die totale Vernetzung bei Flammtemperaturen.
2. Der Faserstoff wird mit einer nicht brennbaren oder hitzereflektierenden Schicht überzogen.
3. Der Sauerstoff wird durch Einbau von Additiven ausgeschlossen, die sich unter Bildung nichtbrennbarer Gasschichten bei Brenntemperaturen zersetzen (Intumeszenzstoffe).

Eine andere Möglichkeit besteht darin, ein Material zuzusetzen, das die Bildung eines nichtbrennbaren Gases bei Flammtemperaturen fördert. Beispiele hierfür sind: $ZnCl_2$, $AlBr_3$, $TiCl_4$. Diese LEWIS-Säuren*) fördern, wenn sie z. B. der Viskose-Faser zugesetzt werden, die Cellulosedehydration zu Wasser und Kohlenstoff.

4. Es werden Akzeptoren für freie Radikale zugesetzt, welche die in der Flamme abbauenden Kettenreaktionen unterbrechen. So treten in einer Kohlenwasserstoff-Luft-Flamme folgende Reaktionen auf:

$$OH^- + CO \rightarrow CO_2 + H^+$$

$$H + O_2 \rightarrow OH^- + O^+$$

Diese Kettenreaktion findet ununterbrochen statt, bis die Kette durch einen äußeren Einfluß abgebrochen wird. So wird z. B. eine Konzentrationsverminderung von H^+ und OH^- deren Beitrag zur Geschwindigkeit der Wärmefreisetzung herabsetzen, wodurch die Kette abgebrochen und die Verbrennung stark verzögert bis verhindert wird.

Halogene reagieren ebenfalls mit den freien Radikalen, z. B. mit OH^-:

$$OH^- + HBr \rightarrow HOH + Br^+ \quad (1)$$

$$Br^+ + RH \rightarrow HBr + R^- \quad (2)$$

Der Effekt der Reaktion besteht darin, OH^- durch ein weniger reaktives Br^+ oder R^+ zu ersetzen und die Reaktionen zu verlangsamen. Da die Bindungskräfte innerhalb der Moleküle HBr und HJ kleiner sind als die im HCl-Molekül, verläuft die Reaktion (1) mit HCl langsamer, so daß HBr und HJ wirksamere Flammenverzögerer sind als HCl. Für einen wirksamen Flammenschutz durch diese „Chemische Löschung“ infolge Kettenreaktionsabbruch werden verhältnismäßig kleine Konzentrationen eines Additivs benötigt.

Auch K. M. KRAUSE [125, 134, 135] stellte fest, daß bei der Verbrennung eines Faserstoffes zunächst durch Pyrolyse freie Radikale gebildet werden, die danach erst

*) LEWIS bezeichnet als Säure einen Elektronenpaarakzeptor, d. h. ein Molekül oder Ion mit meist unvollständiger Elektronenkonfiguration, das ein Elektronenpaar aufnehmen kann, also elektrophil ist.

brennbare Gase und andere Abbauprodukte bilden. Werden nun diese freien Radikale vor ihrer Umformung zu brennbaren Stoffen blockiert, ist eine Entzündung unmöglich. Solche blockierenden Stoffe sind die LEWIS-Säuren oder alle Stoffe, die während ihres Zerfalls LEWIS-Säuren bilden. Sehr wirksame LEWIS-Säure-Bildner sind die Halogenwasserstoffe (HCl, HBr, HJ). Ihre Anwendung setzt jedoch eine weitgehende Verträglichkeit mit dem Trägermaterial, z. B. Polycaprolactam, Polyterephthalat, Polyakrylnitril u. a. voraus, ferner auch geringe Giftigkeit, niedrigen Preis und die Leichtigkeit ihrer Handhabung.

Es zeigt sich, daß die verschiedenen Arten des Flammenschutzes von Polymeren bzw. die daraus hergestellten Faserstoffe nicht immer scharf voneinander zu trennen sind und vielfach nebeneinander wirksam werden.

3.2. Verschiedene Arten von Flammfestausrüstungsmitteln

Als flammfestmachende Additive werden Metalle Metalloide und ihre Verbindungen, halogen- und phosphorhaltige Verbindungen verwendet.

Diese Substanzen sind relativ billig. Ihr negativer Einfluß auf den Warencharakter und den textilen Griff ist gering. Andererseits sind sie aber wasserlöslich und deshalb nicht beständig.

Im folgenden soll auf einzelne Flammschutzmittel-Typen eingegangen werden.

3.2.1. Phosphorhaltige Verbindungen

Von den Phosphorverbindungen verwendet man meist Diammoniumphosphat, Alkylammoniumphosphat, Phosphornitrilhalogenide, cyclische Ester vom Phosphit-Typ,

z. B. Phosphorsäurepolyalkylglykolester mit verschiedenem Gehalt an Hydroxylgruppen oder Phosphorsäuretrikresylester, Phosphine, Phosphinoxide und die phosphorhaltigen Aziridine.

Neuere phosphororganische Flammschutzmittel sind das Tetrakis-(hydroxymethyl)-phosphoniumchlorid (THPC) und die besonders wirksamen verschiedenen Aziridinylphosphinoxide. Es handelt sich dabei um die Produkte Tris-(1-aziridinyl)-phosphinoxid [APO], Tris-[1-(2-methyl)-aziridinyl]-phosphinoxid [MAPO] und Tris-[1-(2.2-dimethyl)-aziridinyl]-phosphinoxid [DMAPO].

Die entsprechenden Formelschemata sind nachstehend aufgeführt:

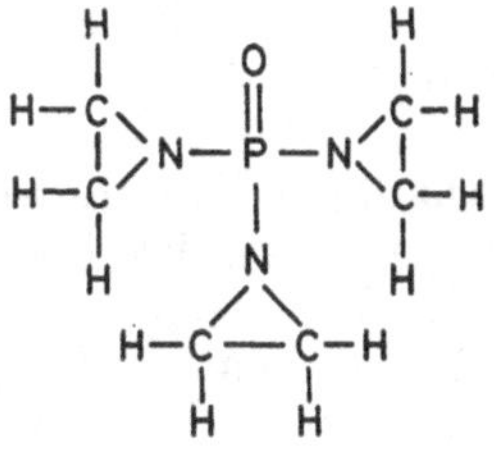

APO

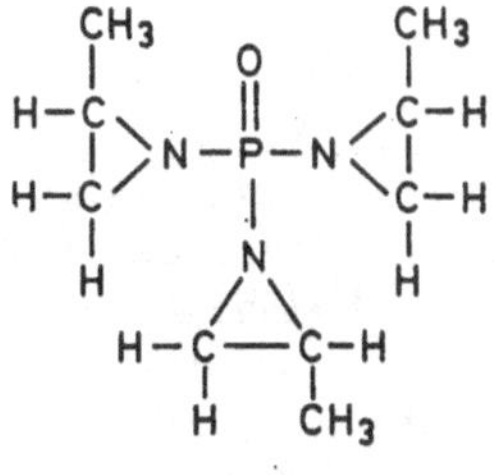

MAPO

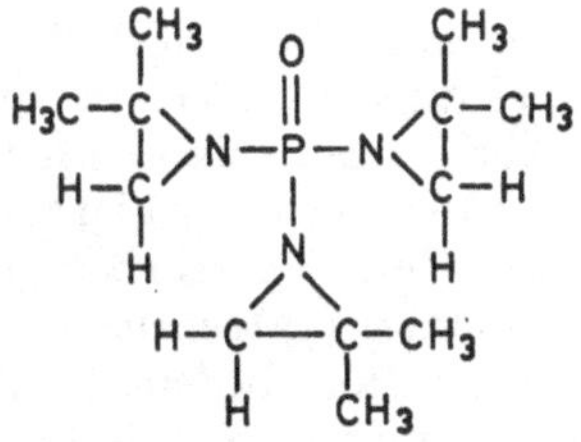

DMAPO

Trotz eines guten Flammschutzeffektes sind die meisten Phosphorverbindungen nicht waschbeständig. Besonders die Ammoniumphosphatverbindungen reagieren nach dem Prinzip des Ionenaustausches mit den Natrium- und Calciumionen des Leitungswassers.

Die Wirkungsweise der phosphorhaltigen Flammschutzmittel ist noch nicht vollständig geklärt. Vermutlich bildet sich eine schützende Schicht aus polymeren Phosphorsäuren. Dafür spricht, daß beim Verbrennen von Faserstoffen, die phosphororganische Verbindungen enthalten, der Phosphor in der Asche zurückbleibt.

Piechota hat gefunden, daß die Flammschutzwirkung nicht unbegrenzt mit dem Phosphorgehalt ansteigt, sondern nur bis zu einem Optimalwert des Phosphorgehalts [8, 125, 137].

3.2.2. Halogenhaltige Verbindungen

Im Gegensatz zu den phosphorhaltigen Flammschutzmitteln, die in der festen Phase angewendet werden, wirken Halogenverbindungen in der Gasphase. Sie schützen eine Verbindung um so besser, je mehr Halogen sie enthält. Wichtig ist allerdings, wie das Halogen gebunden ist. Aliphatisch gebundenes Halogen wird wesentlich leichter abgespalten als aromatisch gebundenes, da aromatische Systeme stabiler sind.

Die Wirkung der halogenhaltigen Verbindungen beruht auf der Abspaltung von Chlorwasserstoff. Da diese Reaktion jedoch bereits bei relativ niedrigen Temperaturen (Verarbeitungstemperaturen) auftritt, sind schwere Korrodierungen an den Verarbeitungsmaschinen die Folge. Einen erheblichen Fortschritt in der Flammfestmachung von Faserstoffen bedeutete die gemeinsame Verwendung von chlorierten Verbindungen mit Sb_2O_3. Das Antimontrioxid erlaubt eine beträchtliche Herabsetzung der notwendigen Mengen an Chlorverbindungen. Antimonverbindungen aktivieren jedoch nicht alle Chlorverbindungen. Bei der Reaktion von Sb_2O_3 mit HCl spielen sich wahrscheinlich folgende Prozesse ab:

$$Sb_2O_3 + 6\,HCl \rightarrow 2\,SbCl_3 + 3\,H_2O$$

$$Sb_2O_3 + 2\,HCl \rightarrow 2\,SbOCl + H_2O$$

$$5\,SbOCl \rightarrow SbCl_3 + Sb_4O_5Cl_2$$

$$3\,Sb_4O_5Cl_2 \rightarrow 2\,SbCl_3 + 5\,Sb_2O_3$$

Die entstehenden Antimonchloride verstärken wahrscheinlich die Radikalblockierung. Antimontrioxid allein, ohne Halogenverbindung, zeigt keine flammenhemmende Wirkung – auch nicht bei Zusatz verhältnismäßig großer Mengen, z. B. von 30% [125, 134].

Bromverbindungen übertreffen die des Chlors in der flammenhemmenden Wirkung bedeutend. Bei ihnen ist keine Aktivierung durch Antimon notwendig. Bromverbindungen verleihen schon bei einem Zusatz von 2–6% dem Faserstoff flammwidrige Eigenschaften. Die bessere Wirksamkeit beruht auf der größeren Reaktionsfähigkeit des Broms, die Reaktionskette freier Radikale in der Flamme abzubrechen. Es gibt eine große Anzahl von Bromverbindungen, die sich als geeignete Additive für die verschiedensten Polymere und Faserstoffe erwiesen haben. Für die praktische Verwendbarkeit einer Bromverbindung sind folgende Punkte entscheidend:

- Die Verbindung muß schwer flüchtig und geruchlos sein.
- Sie darf die textilphysikalischen Eigenschaften eines Faserstoffes nicht ungünstig beeinflussen.
- Sie muß in möglichst geringer Menge wirksam werden.
- Sie darf nicht korrosionsfördernd sein.
- Sie darf den normalen Polymerisationsgang nicht ungünstig beeinflussen.

Diesen Anforderungen entsprechen allerdings nur wenige organische Bromverbindungen, insbesondere der Pentabromphenyläther und die bromierten Butadien- und Isoprenpolymeren vom Polymerisationsgrad 2–2000. Hexabromcyclodekan, Octabromhexadekan, bromiertes Cyclodekatrien und Cyclodekatrienhexabromid sind, in

Mengen von wenigstens 0,5% zugesetzt, ausgezeichnete Flammfestadditive. Von bereits technischem Interesse sind die Tetrabrom-Bisphenol-A-Produkte, die sog. Firemaster-Artikel, folgender Struktur:

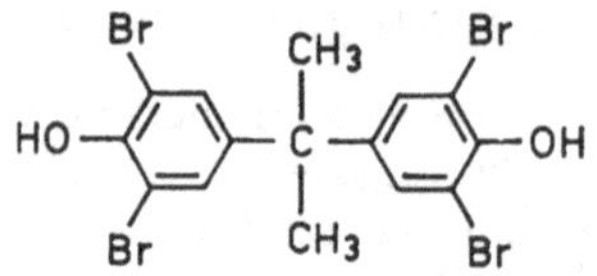

Es kommen sowohl halogenierte aliphatische, aromatische und cycloaliphatische Verbindungen zum Einsatz. Neben chlorierten und bromierten Verbindungen werden auch fluorierte und jodierte Moleküle bzw. die Einarbeitung von Fluor oder Jod als Flammschutzadditive in Betracht gezogen [134].

3.2.3. Metalle, Metalloide und ihre Verbindungen

Einige Verbindungen des Antimons haben sich allein bzw. noch besser in Verbindung mit anderen Additiven als Flammschutzmittel für Textilien bewährt. Der Mechanismus der Wirkungsweise ist bereits erläutert worden (s. Abschn. 3.2.2.). Von Bedeutung sind ferner die organischen Antimonverbindungen vom Typ des Triphenylantimons $Sb(C_6H_5)_3$ mit flammenhemmender Wirkung. Sie werden meist in Verbindung mit halogenhaltigen Zusätzen eingearbeitet.

In der Textilindustrie werden in großem Umfang Borverbindungen (Borax, Borate) zum Flammfestmachen von Geweben verwendet. In neuerer Zeit sind verstärkt organische Borverbindungen als Flammenverzögerer eingesetzt worden. Ein Beispiel hierfür ist das Natriumhexylolglykolmonoborat, dessen Borgehalt 6,5% beträgt, ferner das Borcyclooktanen der allgemeinen Formel:

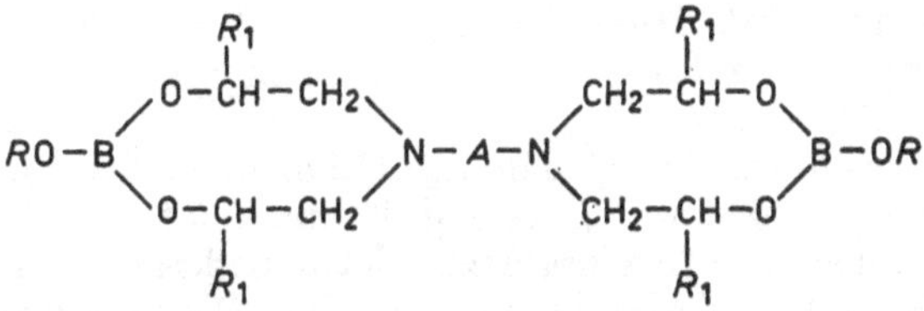

Dabei bedeuten

R_1 = H oder niederes Alkyl
H = H, niederes Alkyl oder Furfuryl
A = $C_2/_6$-Alkylen

In einzelnen Patentschriften werden als Additive zum Flammfestmachen noch genannt: Calciumsulfat, Calcium-, Cadmium- und Bleiseifen, Magnesiumsalze, Ammonium- und Natriumsulfamat, Kupfersalze, Ammoniumhalogenide u. a. [8, 134].

Die in den Abschn. 3.2.1.—3.2.3. abgehandelten wirkungsvollen Flammfestausrüstungsmittel werden zumeist nicht einzeln, sondern in mannigfaltigen Kombinationen miteinander angewendet. Im folgenden wird kurz auf einige neuere Flammfestausrüstungen für die wichtigsten Chemiefaserstofftypen eingegangen.

3.3. Neuere Flammfestausrüstungen an Chemiefaserstoffen

3.3.1. Cellulose-Faserstoffe

Schwer entflammbare Fäden oder Fasern aus regenerierter Cellulose werden durch Verspinnen von Viskose erhalten, der ein Flammschutzmittel eines praktisch wasserunlöslichen flüssigen Phosphornitrilatpolymeren der allgemeinen Formel

$$\{N{=}P(OR)(OR')\}_n$$

zugesetzt wird. Dabei bedeuten *R* und *R'* Alkyl- oder Alkenylreste mit 1—6 Kohlenstoffatomen und *n* beläuft sich auf wenigstens 3.

Bezogen auf den Gehalt der Cellulose in der Viskose werden 1—30 Gew.-% des o. g. Flammschutzmittels eingesponnen. Im Gegensatz zu vielen anderen Stickstoff enthaltenden Verbindungen ist das Phosphornitrilatpolymer waschbeständig. Es nimmt das Chlor aus den Bleichlösungen nicht auf; letzteres könnte sonst ein Vergilben und einen Abbau der Faser zur Folge haben [137].

Durch Zugabe von 1—25 Gew.-% roten Phosphor, bezogen auf den Gesamtcellulosegehalt, lassen sich Viskose-Faserstoffe mit verminderter Entflammbarkeit herstellen. Aus diesen Fasern angefertigte Strickproben wurden in dem Bogentestgerät auf ihre Entflammbarkeit hin untersucht. Dabei zeigte sich, daß bei einem Phosphorgehalt von 3% oder höher die Strickfabrikate nicht brannten oder daß die Flamme nach 5 s erlosch [138].

Flammfeste Cellulose-Fasern und -Textilien können u. a. auch durch Imprägnieren mit wäßrigen Lösungen oder Dispersionen erhalten werden; letztere setzen sich zusammen aus einem Tetra-α-hydroxy-organophosphoniumhalogenid, einem Aminoplastbildner auf der Grundlage von Methylolmelamin- oder Methylolharnstoffverbindungen, einer Polyvinylhalogenidverbindung, einem wasserlöslichen, tertiären organischen Amin und einer Harnstoffverbindung. Ferner enthält die Dispersion zusätzlich noch 2—14 Gew.-%, bezogen auf das Gesamtgewicht der Dispersion, eines halogenierten Kohlenwasserstoffs mit etwa 16—40 Kohlenstoffatomen und einem Halogengehalt von etwa 20—80% sowie die Polyvinylhalogenidverbindung in einer Menge von höchstens 25 Gew.-%, bezogen auf den halogenierten Kohlenwasserstoff, und gegebenenfalls noch Antimontrioxid [140].

Nichtentflammbare Fasern und Fäden können auch durch Mischen von Viskose mit der wäßrigen alkalischen

Lösung eines Polyacyloxalamidrazons der nachstehenden Formel hergestellt werden.

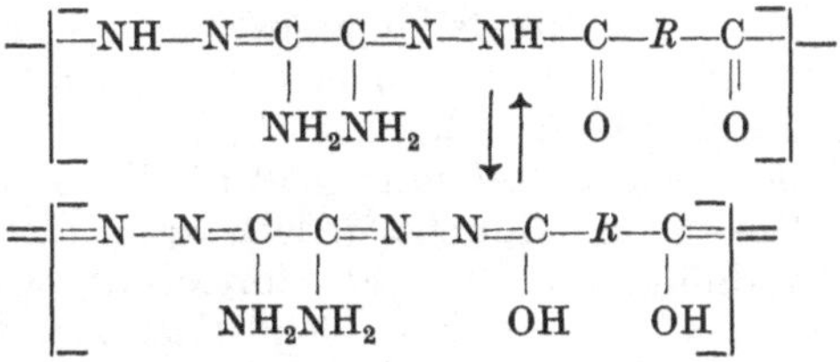

Dabei bedeuten *R* einen geradkettigen oder verzweigten, gesättigten oder ungesättigten aliphatischen Rest mit 2—12 C-Atomen, einen cycloaliphatischen, araliphatischen, aromatischen oder heterocyclischen Rest. Die eingesetzten Fäden und Fasern enthalten 25—50 Gew.-% Polyacyloxalamidrazon [141].

Textilien aus Fasermischungen von Cellulose- und Polyester-Fasern, die mit einer Lösung des Ammoniumsalzes der Bis-hydroxymethyl-phosphinsäure imprägniert werden, zeigen einen guten flammenhemmenden Effekt [142].

Flammenwidrige Viskose-Fasern werden auch erhalten durch Einspinnen wasserlöslicher Phosphate der allgemeinen Formel:

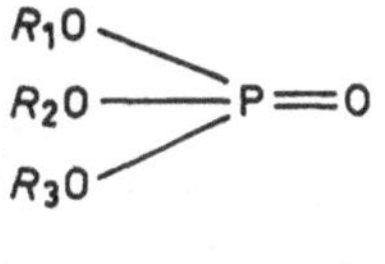

Dabei bedeuten R_1, R_2 und R_3 substituierte oder unsubstituierte Arylgruppen. Im einzelnen handelt es sich dabei um folgende Verbindungen:

Triphenyl-, Trikresyl-, Kresyldiphenyl-, Trixylenylphosphat; Diphenyl-oxylenylphosphat, Tris(p-tert.butylphenyl)-phosphat, Bis(p-tert-butylphenyl)phenylphosphat, Tris(2-biphenylyl)-phosphat u. a. [148].

Flammfeste Cellulose-Textilien (Faser oder Gewebe) können auch aus gepfropfter Cellulose hergestellt werden.

Das Verfahren besteht in der Synthese der gepfropften Cellulose-Copolymere und der anschließenden Behandlung mit einer verdünnten Lösung von Ortho- oder Meta-Phosphorsäure. Die Herstellung wird bei einer mittleren Temperatur bis 80 °C in wäßrigen Lösungen auf konventionellen Färbeapparaten durchgeführt.

Alkalische Waschmittel verringern die Flammenfestigkeit der Fasern und Gewebe, jedoch kann diese durch eine Behandlung mit Phosphorsäurelösung wiederhergestellt werden. Die mechanischen Eigenschaften einschließlich der Einreiß- und Weiterreißfestigkeit von Textilien aus flammfesten Viskose-Fasern, stimmen mit denen des Ausgangsproduktes überein.

Flammfeste Cellulose-Fasern und -Gewebe können für die Herstellung von Arbeitsschutzkleidung und Dekorationsstoffen verwendet werden. Sie sind auch für den Einsatz im Schiffbau, in Flugzeugen und im Theater geeignet [139].

3.3.2. *Polyamid-Faserstoffe*

Nach einem Patent der Monsanto Co. (USA) gewinnt man hitzebeständige Polyamid-Fäden durch Einspinnen eines sog. Stabilisierungsmittels, das sich aus 0,001 bis 0,3 Gew.-% Kupferacetat, 0,1—5,0 Gew.-% Natrium- oder Kaliumbromid und 0,1—0,8 Gew.-% N-Äthyltoluolsulfonamid der Formel

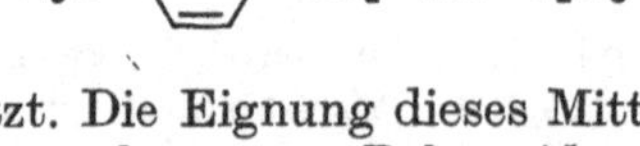

zusammensetzt. Die Eignung dieses Mittels zur Wärmestabilisierung wurde u. a. an Polyamidcord demonstriert. Nach 8 Stunden bei 200 °C wies der unstabilisierte PA-Cord einen Festigkeitsverlust von 21% auf, der stabilisierte aber nur einen von 11% [143].

Wärmestabilisierende Polyamid-Faserstoffe erhält man u. a. durch Einspinnen von Phosphin oder eines Organophosphins der allgemeinen Formel PHX_1X_2 in der Größenordnung von 0,01–10,0 Gew.-%, bezogen auf das Gewicht des Polyamids. Dabei bedeuten X_1 und X_2 jeweils unabhängig voneinander ein Wasserstoffatom oder eine Alkyl-, Cycloalkyl-, Aralkyl- oder Arylgruppe, wobei jede dieser Gruppen durch Hydroxyl-, Carboxyl- oder Aminogruppen substituiert werden kann.

Spezielle Organophosphine mit einer guten wärmestabilisierenden Wirkung im Polyamid-Faserstoff sind:

Phenylphosphin,
Triphenylphosphin und
Cyclotetramethylenphosphin.

Die bevorzugten Verbindungen sind Lauryl- und Stearylphosphin [144].

3.3.3. *Polyester-Faserstoffe*

Folgende Verfahren für die Herstellung schwer entflammbarer Polyester-Faserstoffe wurden entwickelt:

Auf die Oberfläche der Polyester-Fasern wird eine schwer entflammbar machende organische Brom- und/oder Phosphorverbindung aufgebracht. Die Fasern – oder das aus ihnen hergestellte Gewebe – werden dann einige Minuten auf eine Temperatur von etwa 160–220 °C erhitzt. Hierdurch wird bewirkt, daß das flammenhemmende Additiv in die Oberfläche der Fasern eindringen und in die Faserstruktur eindiffundieren kann. Wegen der relativ niedrigen Arbeitstemperatur kommt es weder zu einer Zersetzung der Faser noch des flammenhemmenden Mittels. Die Schwerentflammbarkeit bleibt auch nach mehrmaligem Waschen oder Trockenreinigen bestehen. Die eingesetzten Bromverbindungen enthalten etwa 60–80 Gew.-% Brom. Das Gewicht des Broms in der Faser schwankt zwischen 6—12 Gew.-%, bezogen auf das Gewicht der Polyester-Faser. Als geeignete flammenfeste aromatische Brom-Additive kommen in Frage:

Tetrabromphthalsäureanhydrid,
Äthyltetrabrombenzoat,
Tribromphenol,
Hexabromdiphenyl,
Hexabromdiphenyläther,
Tetrabrombisphenol u. a.

Geeignete Verbindungen, die an ein aliphatisches oder cycloaliphatisches Kohlenstoffatom gebundenes Brom enthalten, sind:

Hexabromcyclohexan,
Hexabromdicyclopentadien,
Bis(2,3-dibrompropyl)dibromphthalat u. a.

Die eingesetzten Phosphorverbindungen enthalten vorzugsweise 10—18 Gew.-% Phosphor bzw. 3 Gew.-% Phosphor, bezogen auf das Gewicht der Polyester-Fasern. Die Phosphorverbindungen können wie die Brom enthaltenden Verbindungen aliphatische, alicyclische oder aromatische Verbindungen sein.

Beispiele für geeignete Phosphorverbindungen:

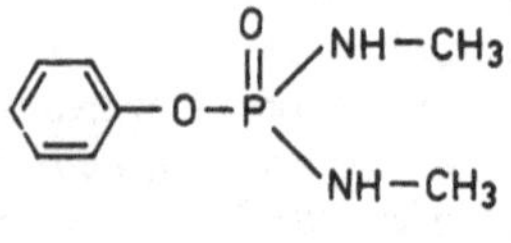

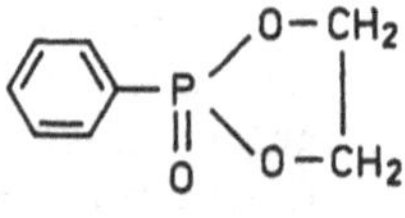

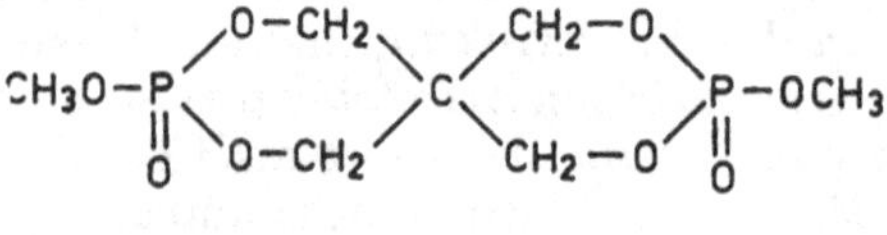

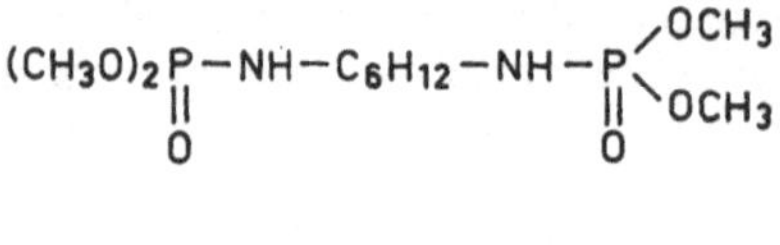

Der flammenhemmende Effekt wird am wirkungsvollsten, wenn die Phosphor- und Bromverbindungen kombiniert und gleichzeitig auf die Polyester-Faser aufgebracht werden.

Zur Erhöhung der Schwerentflammbarkeit an Polyester-Faserstoffen sind besonders auch solche Verbindungen geeignet, die sowohl Phosphor als auch Brom in einem Molekül enthalten. Diese Verbindungen, die vorzugsweise bis zu etwa 30 Gew.-% der Polyester-Faser ausmachen, weisen ein Brom:Phosphor-Verhältnis von etwa 3:1 auf. Beispiele für geeignete Verbindungen sind Bis(bromchlorpropyl)bromchlorpropylphosphonat, Tris-(2.3-dibrompropyl)phosphat, Tris(dibromphenyl)phosphat, Di(2.3-dibrompropyl)tribromphenylphosphat u. a. Die Wirksamkeit der Bromverbindungen wird durch die Anwesenheit von Antimonverbindungen z. B. Sb_2O_3, stark erhöht.

In Tab. 42 wird ein Überblick über flammfeste Additive und ihre Anwendungsbedingungen, für Polyester-Faserstoffe gegeben.

Besonders empfehlenswert ist die organische Bromverbindung Tri(2.3-dibrompropyl)phosphat. Auf die Faseroberfläche wird diese Verbindung, die nicht mit Polyester chemisch reagiert, aufgebracht und auf 175 bis 220 °C erhitzt, damit sie in die Faser diffundiert. Nach Heiß- sowie Trockenreinigung bleibt die Verbindung in der PE-Faser erhalten.

Das Flammschutz-Mittel Flameproof 462-5 wurde von der Apex Chemical Co., USA, speziell für Fabrikate aus 100% Polyester entwickelt. Besonders für Kindernachtbekleidung hat sich diese Ausrüstung bewährt, da das Mittel den Wasch-Dauertest-Anforderungen hinsichtlich Flammschutz genügt [157].

Ferner lassen sich Polyester-Fasern flammenfest ausrüsten durch Imprägnieren mit halogenhaltigen Phosphor-Sauerstoff-Verbindungen des Formeltyps

$$O{=}P(CH_2Y)_n(CH_2XR)_m$$

Tabelle 42

Flammenhemmende Additive für Polyester-Faserstoffe

Schwerentflammbarmachender Zusatz	Lösungsmittel	Diffusionsbedingungen Temperatur [°C]	Zeit [min]	Analyse des behandelten Gewebes % Br	% P
Bis(2.4.6-tribromphenyl)succinat	Benzol	195–205	5	10,9	–
Pentabromphenol/ Triphenylphosphat 2/1)	Dioxan	200–210	2	7,4	0,4
Pentabromphenylacetat	$CHCl_3$	200–210	2	11,7	–
Tetrabrombiphenyl	$CHCl_3$	210–220	3	7,7	–
Hexabromdiphenyläther	$CHCl_3$	210–220	3	8,4	–
Diammoniumtetrabromphthalat	$NH_3/H_2O/$ Butyrolacton (5/1)	195–205	2	9,3	–
Butylhydrogentetrabromphthalat	$CHCl_3$	190–205	5	8,1	–
Dimethyltetrabromphthalat	$CHCl_3$	180–190	5	7,8	–
N-Butyl-tetrabromphthalimid	$CHCl_3$	210–220	3	7,5	–
Tetrabromdicyclopentadien	$CHCl_3$	195–205	5	6,6	–
Tris(2.3-dibrompropyl) phosphat	$CHCl_3$	180–185	10	5,2	0,3
Tris(2.4-dibromphenyl) phosphat	$CHCl_3$	210–220	5	6,1	0,4
Di(2.3-dibrompropyl) tribromphenylphosphat	$CHCl_3$	210–220	3	4,5	0,3
N,N',N''-Tris(2.3-dibrompropyl)phosphorsäuretriamid	$CHCl_3$	200–215	3	5,4	0,4
Hexabromcyclodekan/ Triphenylphosphat (85/15	siedendes Aceton	195–205	2	4,1	0,1

Dabei bedeuten:

Y = Chlor und/oder Brom

R = Rest einer organischen Hydroxyl- oder Mercaptoverbindung mit 1–10 Kohlenstoffatomen

X = Sauerstoff oder Schwefel

$\left.\begin{array}{l} n = 1-3 \text{ wobei die Summe von } m + n = 3 \\ m = 0-2 \end{array}\right\}$

Die Fasern oder Gewebe werden mit einer 4–10%igen halogenhaltigen Phosphinoxid-Lösung in einem organischen Lösungsmittel (z. B. Dimethylformamid oder Perchloräthylen) imprägniert. Dann wurden sie bei 100–120 °C getrocknet [146]. Weitere Flammschutzkomponenten für Polyesterfaserstoffe, die einkondensiert werden, sind Tetrabromphthalsäureanhydrid, Flavanthron, Antimonchlorid mit Organobromverbindungen u. a. [147].

3.3.4. Polyakrylnitril-Faserstoffe

Von allen Synthesefasern bereitet die Flammfestausrüstung von Polyakrylnitril-Faserstoffen die größten Schwierigkeiten. PVY-Fasern brennen relativ gut. Bei frei hängendem Gewebe erfolgt kein Erlöschen durch Abtropfen der Schmelze, wie dies bei Polyamid- und Polyester-Fasern häufig der Fall ist.

Daher gibt es besonders große Aktivitäten, flammenhemmende PVY-Faserstoffe zu entwickeln. Bei den meisten kommerziellen Akrylnitrilfasern wird die Flammbeständigkeit durch einen Einbau halogenhaltiger Komponenten erzielt. Um eine dauerhafte Wirkung zu erreichen, werden diese in polymerer Form (Copolymerisiert mit Hauptpolymeren oder als ein gesondertes Polymeres) zugesetzt oder sie werden während des Spinnens zugegeben, bevor die Gelstruktur der Faser zusammenbricht.

Nach Angaben amerikanischer Patentschriften werden Tri-(α-chloräthylphosphat, Tri-α-äthylhexyl)-phosphat, chloriertes Methylstearat (37,5% Cl_2), Vinylchlorid, Vinylidenchlorid, 13% PVC und 2% Sb_2O_3 und andere nicht näher definierte halogenierte langkettige Fettsäureester, aliphatische Phosphate und halogenierte aliphatische Phosphate mit ACN*) polymerisiert. Aus diesen Polymeren werden nach dem Naßspinnverfahren PVY-Fasern ersponnen, die flammenhemmende Eigenschaften aufweisen [149].

Nach einer Beschreibung in einer US-Patentschrift können PVY-Fasern in der Weise flammenhemmend gemacht werden, daß man zur Spinnlösung Fluorborsäure zusetzt und Metallsalze zum Koagulationsbad; die hierbei entstehenden Metallfluorborate diffundieren in den koagulierenden Faden ein [150].

Einer französischen Patentschrift zufolge werden bei der ACN-Polymerisation Flammenschutzmittel vom Typ einer festen aromatischem bromierten oder chlorierten Verbindung oder einer festen organischen Phosphin- oder Antimonoxidverbindung einpolymerisiert [151].

Von P. H. Hobson wird die Anwendung von Copolymeren mit Tribromneopentylacrylat, α-Chlorakrylnitril, Vinylbromid und Vinylbromid plus Vinylidenchlorid empfohlen [152].

Durch Zugabe von 4—25 Gew.-%, bezogen auf das PVY-Polymerisat, einer Phosphorstickstoffverbindung der Formel

$$[PN(OR(OR'))]_n[PNCl/OR'')]_m$$

zu einer Polyakrylnitril-Spinnlösung und anschließender Verarbeitung nach dem Trockenspinnen werden flammenhemmende PVY-Faserstoffe erhalten. In der Formel bedeuten n und m ganze Zahlen von 0—10 und $(n + m)$ eine ganze Zahl von 3—10 und R, R' und R'' niedermolekulare einwertige organische Reste.

---

*) ACN = Akrylnitril

Es wurden ein Teppich, der durch Tuften aus solchen PVY-Fäden hergestellt worden war und ein anderer, der aus Fäden ohne das Phosphornitrilchlorid-Flammschutzmittel bestand, nach der folgenden Testmethode auf ihre Brennbarkeit untersucht.

Auf jeden der beiden Teppiche wurde eine Tablette aus Urotropin gelegt und mit der Sparflamme eines Bunsenbrenners entzündet. Beobachtet wurde die Brennzeit und der Durchmesser des entstandenen Brennflecks in stehender Luft. Die Ergebnisse sind in Tab. 43 zusammengestellt.

Tabelle 43

Brennverlauf bei einem flammfest ausgerüsteten und einem nichtausgerüsteten PVY-Faserteppich [153]

	Brennzeit [s]	Brandfleckdurchmesser [mm]
Teppich ohne Flammschutzmittel	Flor brennt vollständig ab	
Teppich mit 10% Phosphornitrilchloridderivat	108	17

Auch Nachbehandlungen mit einer Vielzahl halogen- oder phosphorhaltiger Verbindungen sind angewendet worden, um eine zusätzliche Flammfestigeit zu erhalten. Die Produkte sind jedoch meistens nicht beständig oder sie weisen eine Veränderung des Griffes, eine Erhöhung der Masse oder toxikologische Effekte auf oder sogar mehrere dieser Nachteile zusammen.

Flammfestmachende Mittel können auch auf die Fasern gepfropft werden. Dabei ist aber ein grundsätzliches noch nicht befriedigend gelöstes Problem die Frage, wie man einen ausreichenden Pfropfungsgrad erzielen kann.

Die Firma Toho Beslon Co., Ltd., Tokio, hat einen Spezial-Polyakrylnitril-Fasertyp (BESLON-TN, entwickelt, der sich durch hervorragende Hitzebeständigkeit, überlegene Form- und gute Chemikalienbeständigkeit auszeichnet. Deshalb wird die neue Faser für Filtertuch und Filz für industrielle Zwecke besonders empfohlen. Filtertücher aus BESLON TN vertragen Temperaturen von 130—150 °C in schwefelsäurehaltiger Atmosphäre. Während die gewöhnliche Faser innerhalb eines Monats 10% Schrumpfung zeigt, betrug diese bei BESLON TN nur 1% nach 2 Monaten.

Die neue Faser, die in den Stärken 2,8—17 dtex, glänzend und in verschiedenen Schnittlängen geliefert wird, weist folgende Werte auf: Trockenfestigkeit: 3—4,5 p/den, Dehnung: 20—30% und Feuchtigkeitsaufnahme: 1,5% [157].

Aus der großen Zahl der in Veröffentlichungen und Patenten angeführten chemischen Verbindungen, die zur Verbesserung der Flammfestigkeit von Polyakrylnitril-Faserstoffen geeignet sind, zeichnen sich folgende bevorzugte Entwicklungsrichtungen ab:

— Den Polymerlösungen werden halogenierte organische Verbindungen, die entweder phosphorfrei sind oder Phosphor im Molekül enthalten, zugesetzt. Die Waschbeständigkeit dieser Flammfestausrüstung sind als mittel bis gut bezeichnet. Ein Vorteil dieser Verbindungen ist, daß sie auch für Mischgewebe nach der Imprägniermethode verwendet werden können. Bromverbindungen sind im allgemeinen wirksamer als die entsprechenden Chlorverbindungen.

— Viele der in den letzten Jahren entwickelten und mit Erfolg eingesetzten Produkte sind organische Phosphor-Stickstoff-Verbindungen. Ihre flammhemmende Effekte sowie die Wasch- und Reinigungsbeständigkeit sind gut. Allerdings sind sie relativ teuer. Günstig wirkt sich ihre verhältnismäßig niedrige Anwendungskonzentration aus, wodurch der Griff und die physikalisch-technischen Eigenschaften der Fasern weniger verändert werden. Durch Zusatz geeigneter N-Verbindungen wird die flammhemmende Wirkung von P-Verbindungen durch den sog. synergistischen Effekt erhöht. Der Effekt ist bei P-organischen Verbindungen stärker als bei anorganischen Phosphaten. Seine Ursache ist unbekannt.

- Eine Beeinflussung der Flammfestigkeit von PVY-Fäden kann auch durch die Herstellung von Copolymerisaten aus Akrylnitril und halogenhaltigen Verbindungen wie Vinylchlorid, Vinylidenchlorid, α-Chlorakrylnitril oder durch Nachchlorierung erzielt werden. Durch Kombination mit Sb_2O_3 kann die Wirksamkeit oftmals beträchtlich gesteigert werden. Allerdings handelt es sich bei diesen Fasern nicht mehr um Polyakrylnitril-Fasern im üblichen Sinne, sondern bereits um Modakryl-Fasern.
- Verheißungsvoll bezüglich einer guten wasch- und lösungsmittelbeständigen Flammfestausrüstung dürften solche P—N-Verbindungen sein, in denen der die Flammfestigkeit bedingende Molekülteil an polymerisierbare Gruppen gebunden ist. Durch Einpolymerisieren geringer Molanteile solcher Substanzen mit hoher Wirksamkeit würden sich wahrscheinlich die Eigenschaften der Fasern nur wenig ändern bei gleichzeitig guter Waschbeständigkeit der Flammfestausrüstung.

Die Schwierigkeiten, Polyakrylnitril-Faserstoffe flammfest auszurüsten, haben folgende Ursachen:

- besonders niedrige Fremdzündungstemperatur von 250 °C (es liegt ein brennfähiges Gasgemisch vor)
- geringer Energieaufwand für Pyrolyse
- geringster O_2-Bedarf aller Faserstoffe beim Brennen
- brennt verhältnismäßig rasch
- thermische Zersetzungsprodukte sind in geringer Konzentration mit Luft brennbar.

4. Ausblick

Durch den Einsatz verschiedener Rohstoffe und die Anwendung unterschiedlicher Herstellungsverfahren lassen sich Faserstoffe mit sehr mannigfaltigen Eigenschaften herstellen. Früher prüfte man, welche Faserstoffe auf Grund ihrer Eigenschaften zur industriellen Produktion von Erzeugnissen brauchbar erschienen. Gegenwärtig geht man aber in zunehmendem Maße von den Bedürfnissen des Endverbrauchers aus, fordert also die Erzeugung von Faserstoffen mit ganz bestimmten Eigenschaften und verlangt von der Forschung und Entwicklung, daß sie sich hierauf einstellt und die Möglichkeiten und Wege zur Produktion solcher Fasern aufzeigt. Dies gilt auch für die temperaturbeständigen Faserstoffe. Die Wissenschaftler und Techniker werden diese Forderungen nur erfüllen können, wenn sie sich einen umfassenden Überblick über alle vorhandenen Möglichkeiten und die Richtung weiterer erfolgversprechender Forschungen verschaffen.

Es sind bereits — wie in dieser Arbeit dargestellt wurde — sehr viele Faserstoffe aus organischen Polymeren bekannt. Sie werden hauptsächlich in der Technik erfolgreich eingesetzt. Infolge der schnellen Entwicklung der Kern- und Raketentechnik und der Astronautik sind vor allem besonders leichte, hochfeste und temperaturbeständige Faserstoffe immer mehr gefragt. Eine große Zukunft haben deshalb die carbonisierten Faserstoffe. Sie werden allgemein für Verbundwerkstoffe und speziell als Kohlenstoffverstärkung benötigt.

Auch bei Bekleidungsstücken und Textilien zeigt sich eine steigende Tendenz, flammwidrige oder nichtbrennbare Gewebe zu verwenden. Die Flammfestmachung kann durch spezielle Ausrüstungen der üblichen Textilfasern (Viskose-, Polyamid-, Polyester- und Polyakrylnitril-Faserstoffe) erreicht werden, oder durch bestimmte Comonomerenzusätze, die entweder zugemischt oder einpolymerisiert werden.

Für flammfeste Textilien wird der zivile Markt in Zukunft sicher zunehmen. Man rechnet damit, daß Bodenbeläge, Polsterbezüge, Gardinenstoffe, Schutzanzüge, Innenausstattungen von Kraftfahrzeugen, Schiffen und Flugzeugen sowie spezielle Bekleidungsstücke (z. B. Kindernachthemden in den angelsächsischen Ländern) in größerem Rahmen flammfest ausgerüstet werden. Gesetzliche Vorschriften, die in einzelnen Ländern bereits erlassen worden sind, werden diesen Trend verstärken.

Tabelle 44

Anwendungsmöglichkeiten temperaturbeständiger Faserstoffe aus organischen und anorganischen Polymeren [8]

Rohstoff/Warenzeichen	organische Polymere												anorganische Polymere							
Einsatzgebiet	Modakryl Verel Dynel Teklan	Kanekalon	Polyvinylchlorid Rhovyl Clevyl Thermovil Fibravyl Leavin/Stavinyl Movil Piviacid Teviron Tevilon	Polytetrafluoräthylen/Teflon	Aromatische Copolyamide	Heterocyclische Polyamide	Aromatische Polyimide/Nomex	Aromatische Polyoxadiazole	Aromatische Polythiadiazole	Polybenzimidazole	Polyphenylentriazole	Polypyrrone	Graphit	Kohlenstoff	Bor	Bornitrid	Silikat	Glas	Stahl	sonstige Metalle
Bekleidungstextilien																				
Gewebe																				
Anzüge, Kostüme, Hosen	×		×																	
Kleider, Röcke	×		×																	
Mäntel	×																			
Schlafanzüge, Nachtwäsche	×		×																	
Unterwäsche	×		×																	
Blusen-, Hemdenstoffe	×		×																	
Campingbekleidung			×																	
Frottierware			×																	
Schuh- und Hausschuhgewebe	×		×																	
Morgenröcke	×																			
Kinderbekleidung	×																			
Futterstoffe	×																			
Gewirke und Gestricke																				
Damenuntertrikotagen	×		×																	
Herrenuntertrikotagen	×		×																	

[illegible]	×		×																	
Babywäsche			×																	
Plüsche	×																			
Kinderbekleidung	×		×																	
Spielzeug	×		×																	
Pelzimitate	×		×																	
Wildlederimitate			×																	
Heim- und Haushalttextilien																				
Bettwäsche	×																			
Matratzendrell	×																			
Teppiche/Vorleger	×		×																	
Vorhang- und Dekostoffe/ Gardinen	×		×																	
Möbelstoffe	×		×																	
Decken und Plaids	×		×																	
Polstermaterial	×		×																	
Wandbespannungen	×		×																	
Autobezugsstoffe	×				×	×		×		×	×	×								
Technische Textilien																				
Filtergewebe	×						×								×					
Isoliergewebe	×												×							
Arbeitsschutzbekleidung	×			×																
Säuren und Laugen	×		×																	
Explosionshitze	×						×								×					
Wärme	×						×													
Flieger- und Kampfanzüge	×			×																
Reifen																		×	×	×
Förder- und Transportbänder													×						×	×
Beläge für Kalander- und Preßwalzen								×									×	×		
Riemen, Seile, Schnüre, Netze	×		×																	
Texotherm			×																	
Plastarmierungen		×											×	×				×	×	×
Raumfahrtkörper				×									×	×	×		×			×
Raumanzüge																		×		
Flugzeug- und Kfz.-Wesen														×				×		×

In Tab. 44 wird ein Überblick über den gegenwärtigen Einsatz der wichtigsten, bereits industriell gefertigten temperaturbeständigen Faserstoffe gegeben. Es läßt sich daraus erkennen, daß sich die Anwendung auf den technischen Sektor konzentriert hat und bisher nur Modakryl- und Polyvinylchlorid-Faserstoffe auch auf dem Gebiet der Bekleidungs- und Heimtextilien eine umfassendere Verwendung gefunden haben.

Von seiten der Forschung werden intensive Versuche unternommen, neue faserbildende organische Polymere zu synthetisieren und damit vorläufig noch unbekannte weitere Anwendungsmöglichkeiten zu erschließen. Dabei wird angestrebt, daß die Fasern temperaturbeständig sind, aber auch allgemein gute textilphysikalische und textilmechanische Eigenschaften aufweisen.

Es ist möglich, auch extrem temperaturbeständige Faserstoffe herzustellen. Vor allem kommen hierfür anorganische Fasern in Frage, z. B. Zirkonium-, Bornitrid-, Bor-, Silicium-, Quarz-, Glas-, Alumosilikat-, Asbest- und Metall- (Molybdän-, Wolfram-, Aluminium-, Nickel-, Kupfer-, Silber-, Platin-, Beryllium-) Faserstoffe. Die Grenzen ihrer Temperaturbeständigkeit liegen zwischen 1000 °C und 3400 °C. Nachteilig sind jedoch ihre größeren Dichten (bis zu 19,3 g/cm^3) und die hohen Herstellungskosten; deshalb kommen sie für zivile Einsatzzwecke kaum in Betracht.

5. Literatur

[1] S. L. Madorsky: J. Polymer Sci. **9** (1952), S. 133.
[2] S. D. Bruck: Polymer **5** (1964) 9, S. 435–446; **6** (1965) 1, S. 49–61.
[3] J. Lancaster, B. Wright u. a.: J. appl. Polymer Sci. **9** (1965) 5, S. 1955–1971.
[4] P. Novak: Kunststoffe **51** (1961) 9, S. 480–488.
[5] M. M. Koton: Chim. Volokna (1966) 3, S. 3–10.
[6] G. J. Kudrjavcev: Chim. Volokna (1969) 4, S. 23–32.

[7] H. Görlach: Chemiefasern **18** (1968) 8, S. 575–580.
[8] H. Dawczynski, G. Häussler: Dt. Textiltechnik **20** (1970) 11, S. 688–694.
[9] M. Rieber: Chemiefasern **19** (1969) 5, S. 375–378.
[10] S. R. Rafikow u. a.: Vysokomol. Soed. **3** (1961) 5, S. 699 bis 705.
[11] L. G. Smolnikova, A. A. Konkin: Sowjet. Beiträge Faserforschung **2** (1965), S. 356.
[12] L. G. Smolnikova, A. A. Konkin: Sowjet. Beiträge Faserforschung **3** (1966), S. 507.
[13] L. G. Smolnikova, A. A. Konkin: Sowjet. Beiträge Faserforschung **2** (1965), S. 460–465.
[14] GBP 892779 (1962).
[15] G. J. Kudrjavcev, F. A. Vasileva-Sokolova, A. S. Semenova: SUP 214008 (1968).
[16] L. V. Kutina, L. S. Solovera, G. J. Kudrjavcev: Chim. Volokna (Chem. Fasern) (1968) 2, S. 20–30.
[17] G. J. Kudrjavcev, Z. A. Rogovin: Chim. Volokna (Chem. Fasern) (1967) 6, S. 49–51.
[18] T. A. Klimenkov, G. J. Kudrjavcev: SUP 201593 (1967).
[19] G. J. Kudrjavcev, V. N. Odnoralova: SUP 216259 (1968).
[20] G. J. Kudrjavcev, V. N. Odnoralova: Chim. Volokna (Chem. Fasern) (1967) 6, S. 16–19.
[21] J. V. Vasilev, Z. A. Rogowin: Chim. Volokna (Chem. Fasern) (1961) 4, S. 42–46.
[22] V. V. Koršak, T. M. Frunze: Vysokomol. Soed. **2** (1960) 6, S. 838–844.
[23] Z. obsc. Chimii **30** (1960) 1, S. 263–267.
[24] Vysokomol. Soed. **5** (1963) 10, S. 1462–1467.
[25] J. appl. Chem. **9** (1959), S. 594.
[26] O. J. Fedorowa, I. P. Losew u. a.: Vysokomol. Soed. **2** (1960), S. 899–903.
[27] M. Rieber: Spinner, Weber **89** (1971) 1, S. 33–37.
M. Rieber: Chemiefasern **21** (1971) 1, S. 55–59.
[28] G. J. Kudrjavcev, R. G. Fedorova u. a.: SUP 169741 (1965).
[29] B. S. Sprague, R. W. Singleton: Textile Res. J. **35** (1965) 11, S. 999–1008.
[30] G. J. Kudrjavcev, A. V. Volochina u. a.: SUP 186621 (1966).
[31] V. V. Koršak, T. M. Frunze u. a.: Vysokomol. Soed. **2** (1960) 6, S. 838–844.

[32] G. J. KUDRJAVCEV, T. J. SEJN u. a.: Sowj. Beiträge Faserforschung **2** (1965) 12, S. 617–620.
[33] M. N. BOGDANOV u. a.: „*Verbindungen mit Heteroketten*", Jzd. Akad. Nauk (UdSSR) (1964), S. 37.
[34] M. N. BOGDANOV u. a.: ibid. (1964), S. 59–63.
[35] M. N. BOGDANOV, A. V. VOLOCHINA u. a.: Vysokomol. Soed. **2** (1960) 1, S. 92–96.
[36] M. N. BOGDANOV u. a.: Z. obscej Chimii **30** (1960) 1, S. 263 bis 267.
[37] W. H. BONNER, Du Pont (USA): USP 3088794 (1963).
[38] L. R. K. MCCUNE: Textile Res. J. **32** (1962) 9, S. 762–767.
[39] S. L. KWOLEK, Du Pont (USA): USP 3063966 (1962).
[40] L. F. BESTE u. a., Du Pont (USA): USP 3068188 (1962).
[41] H. W. HILL u. a., Du Pont (USA): USP 3006899.
[42] J. IWAKURA: Chimija Technol. Polimerow (1965) 9, S. 112.
[43] H. C. BACH: Polymer Preprints **8** (1967) 1, S. 610. .
[44] J. PRESTON: J. Polymer Sci. Part A-1 **44** (1966) 3, 529–539.
[45] J. PRESTON, F. DOBINSON: J. Polymer Sci. A-1 **4** (1966) 9, 2093–2105.
[46] J. PRESTON, W. B. BLACK: J. Polymer Sci. **B4** (1966) 4, 267–272; **c5** (1967) 19, 17–27.
[47] H. J. STEIN: Textilveredlung **4** (1969) 6, 387.
[48] Technische Information Du Pont De Nemours International S. A., Genf (Schweiz), Bulletin N-201.
[49] Chemiefasern **19** (1969) 2, 107–108.
[50] ibid. **19** (1969) 7, 518.
[51] ibid. **19** (1969) 4, 256.
[52] Z. f. Ges. Textilind. **71** (1969) 8, 557.
[53] H. DAWCZYNSKI: Wissenschaft und Fortschritt **20** (1970) 7, 292–296.
[54] W. VAN LOOM: Melliand Textilber. **50** (1969) 7, 770–772.
[55] J. PRESTON: J. Polymer Sci. Part A-1 **44** (1966) 3, 529–539.
[56] H. F. MARK: Allgemeine und Praktische Chemie **17** (1966) 10, 695–697.
[57] G. J. KUDRJAVCEV, A. M. SCETININ: Sowjet. Beiträge Faserforschung **6** (1969) 4, 183–194.
[58] A. M. SCETININ: Chim. Volokna (1968) 5, 50–52; Chim. Volokna (1969) 4, 78.
[59] Chemiefasern **18** (1968) 8, 582.
[60] F. T. WALLENBERGER: Angew. Chemie **76** (1964) 11, 484–494.
[61] P. MORGAN: J. Polymer Sci. **A2** (1964) 1, 437–459.

[62] F. D. Trischler, J. Hollander: J. Polymer Sci. **A-1 7** (1969), 971—975.
[63] B. Vollmert: Kunststoffe **56** (1966) 10, 680—694.
[64] H. Dawczynski: Wissenschaft und Fortschritt **20** (1970) 1, 8—10.
[65] A. H. Frazer, T. A. Reed: J. Polymer Sci. **C-19** (1967), 89—94.
[66] A. H. Frazer, W. P. Fitzgerald: J. Polymer Sci. **C-19** (1967) 95—101.
[67] R. G. Spain, L. G. Picklesimer: Textile Res. J. **36** (1966) 7, 619—625.
[68] J. R. Holsten: J. Polymer Sci. **C-19** (1967), 77—88.
[69] R. S. Irwin, W. Sweeny: J. Polymer Sci. **C-19** (1967), 41—48.
[70] H. Vogel, C. S. Marvel: J. Polymer Sci. **50** (1961) 154, 511—539.
T. C. Bohrer, A. E. Prince: ibid **C-19** (1967), 49—64.
[71] A. A. Konkin: Chim. Volokna (1968) 5, 25—26.
[72] C. Marvel u. a.: J. Polymer Sci. **62** (1962) 173, 59—72.
[73] L. Preston, W. Black: J. Polymer Sci. **A-5** (1967), 2429; ibid. 2438.
[74] W. C. Sheehan, T. B. Cole u. a.: J. Polymer Sci. **A-3** (1965) 4, 1443—1462.
[75] Y. Iwakura u. a.: Makromolekulare Chemie **95** (1966), 260—274.
[76] W. H. Gloor: Appl. Polymer Sci. (1967) 6, 151—163.
[77] A. H. Frazer, R. D. Wilson: Appl. Polymer Symposia (1969) 9, 89—106.
[78] A. H. Frazer, W. Memeger: Appl. Polymer Symposia (1969) 9, 119—131.
[79] V. V. Koršak u. a.: Vysokomol. Soed. **A-11** (1969) 1, 69 bis 72.
[80] G. J. Kudrjavcev u. a.: Vysokomol. Soed. **A-12** (1970) 10, 2205—2210.
[81] J. Preston: Faserforschung **22** (1971) 3, 153—162.
[82] Kunststoffberater (1970) 2, 117—120,
[83] A. P. Rudakov u. a.: Sowjet. Beiträge Faserforschung **4** (1967) 1, 70—73.
[84] V. V. Koršak u. a.: Sowjet. Beiträge Faserforschung **7** (1970) 10, 506—511.
[85] V. V. Koršak u. a.: Sowjet. Beiträge Faserforschung **8** (1971) 3, 113—116.

[86] A. Frazer: Polymer Sci. A-1: Polymer Physics 4 (1966) 7, 1649.
[87] G. J. Kudrjavcev u. a.: Sowjet. Beiträge Faserforschung 8 (1971) 2, 57–59.
[88] A. S. Semenova u. a.: Chim. Volokna (1969) 5, 2–4.
[89] C. S. Marvel u. a.: J. Amer. Chem. Soc. 81 (1959), 448.
[90] R. W. Singleton: Applied Polymer Symposia (1969) 9, 133–144.
[91] B. v. Bornhaupt, W. Rating: Kunststoffe 61 (1971) 1, 46.
[92] A. A. Konkin u. a.: Chim. Volokna (1968) 5, 25–26.
[93] A. A. Konkin u. a.: Chim. Volokna (1968) 3, 10–13.
[94] J. Preston, W. B. Black, W. de Winter: Applied Polymer Symposia (1969) 9, 145–158.
[95] J. Preston: Applied Polymer Symposia (1969) 9, 75–88.
[96] W. H. Gloor: Applied Polymer Symposia (1969) 9, 159 bis 166.
[97] T. A. Awramenko u. a.: Chim. Volokna (1968) 6, 73–75.
[98] L. Bottenbruch: Angew. Makromol. Chemie 13 (1970) 158, 109–125.
[99] R. W. Lenz: J. Polymer Sci. 58 (1962), 351–367.
[100] W. H. Gloor: Appl. Polymer Sci. (1967) 6, 151–163.
[101] G. J. Kudrjavcev u. a.: Vysokomol. Soed. B-10 (1968) 4, 295–298.
[102] F. T. Wallenberger: Monatshefte Chemie 93 (1962), 74.
[103] V. V. Koršak u. a.: Vysokomol. Soed. A-13 (1971) 4, 971–976.
[104] J. Economy, L. Wohrer: Spinner, Weber, Textilveredl. 88 (1970) 12, 39–40.
[105] O. Prochorow u. a.: Sowjet. Beiträge Faserforschung 8 (1971) 2, 69–70.
[106] V. V. Koršak u. a.: Sowjet. Beiträge Faserforschung 8 (1971) 4, 186–193.
[107] USP 2904537.
[108] J. E. Kardash u. a.: Vysokomol. Soed. A-9 (1967) 9, 1914 bis 1919.
[109] G. F. Shalygin u. a.: Vysokomol. Soed. A-12 (1970) 6, 1396–1402.
[110] V. V. Koršak u. a.: Sowjet. Beiträge Faserforschung 8 (1971) 4, 183–186.
[111] P. Schlack u. a.: Angew. Makromol. Chemie 15 (1971), 25–36.
[112] Kunststoff-Rundschau 12 (1965), 597.

[113] Textile Month (1971) 2, 84.
[114] Nachr. Chem. Technik **19** (1971) 4, 62.
[115] Spinner, Weber **89** (1971) 5, 405.
[116] V. E. YARSLEY: Kunststoff-Rundschau (1961) 4, 165 bis 172.
[117] USP 2230654.
[118] Chem. Engng. (1965) 5, 24.
[119] Chemiefasern **19** (1969) 2, 107.
[120] Chemiefasern **20** (1970) 5, 381.
[121] W. GREILING: Chem. Ind. **22** (1970) 9, 563–566.
[122] Spinner, Weber **88** (1970) 4, 30–32.
[123] Chemiefasern **19** (1969) 7, 518.
Chemiefasern **19** (1969) 8, 587.
S. A. ROGOWIN, H. KLARE: Chemiefasern, VEB Fachbuchverlag Leipzig (1960), 626–628.
[124] H. DAWCZYNSKI: Dt. Textiltechnik **21** (1971) 12, 739–744.
[125] H. DAWCZYNSKI: Wissenschaft u. Fortschritt **20** (1970) 8, 346–350.
[126] H. DAWCZYNSKI, I. SCHÖNFELDER: Fasern, Formeln, Fertigware (1970) 3, 24–29.
[127] Kunststoffe **57** (1967) 8, 658.
Chemiefasern **18** (1968) 3, 182.
[128] L. S. TVERSKAJA u. a.: Chemiceskaja promyslennost za rubezom, Moskau (1968) 5, 3–30.
[129] Text. Ind. **132** (1968) 8, 78.
[130] C. MAZZOLINI: Spinner, Weber 88 (1979) 12, 1227–1231.
[131] Chemiefasern **16** (1966) 12, 954.
[132] Chemiefasern **18** (1968) 1, 27.
[133] Chemiefasern **21** (1971) 4, 250.
[134] H. VOGEL: „Flammfestmachen von Kunststoffen", Dr. A. Hüthig-Verlag Heidelberg 1966.
[135] K. H. KRAUSE: Kunststoff-Rundschau **6** (1959), 337.
[136] H. PIECHOTA: Kunststoff-Rundschau **12** (1965) 3, 191.
[137] L. E. A. GODFREY, FMC, Co. (USA): BRD-OS 1669427 (1970).
[138] L. VOLLBRACHT: Allgemeine Kunstzijde Unie, N. V. BRD-OS 1944056 (1970).
[139] Dt. Textiltechnik **21** (1971) 7, 405.
[140] G. M. WAGNER, Hooker Chemical Co. (USA): BRD-OS 1619072 (1970).
[141] E. SIGGEL, Glanzstoff AG (BRD): BRD-OS 1922336 (1970).
[142] SZ-Patent 14361/68 (1970).

[143] E. P. BRIGNAC, Monsanto Co. (USA): BRD 1297805 (1969).
[144] G. S. DAVY, Imp. Chem. Ind. (GB): BRD-SO 2017 896 (1970).
[145] J. R. CALDWELL u. a., Eastman Kodak Co. (USA): BRD-OS 2001125 (1970).
[146] U. REUTER, Farbwerke Hoechst AG (BRD): BRD-OS 1282599 (1968).
[147] H. E. PRAETZEL, Chem. Fabrik Kalk GmbH. (BRD): BRD-OS 1904646 (1970), USP 3565854 (1971).
[148] H. WATANABE u. a., Sanderson Co. (GBP): GBP 1156588 (1969).
[149] R. L. LEONARD u. a., Monsanto Co. (USA): BRD-OS 1494663 (1969).
[150] USP 3376253 (1969).
[151] FrP 1523199 (1970).
[152] P. H. HOBSON: Faserforschung **22** (1971) 2, 80–85.
[153] R. WURMB, Bad. Anilin- u. Soda-Fabrik (BRD): BRD-OS 1926169 (1970).
[154] H. DAWCZYNSKI u. a.: Dt. Textiltechnik **24** (1974), in Vorbereitung.
[155] Mod. Textiles Mag. **53** (1972) 5, S. 8.
[156] Textile Ind. **136** (1972) 5, S. 30.
[157] Textile Ind. **136** (1972) 10, S. 29–30.

6. Sachregister

HANS DAWCZYNSKI

Temperaturbeständige Faserstoffe aus anorganischen Polymeren

1974. Etwa 180 Seiten — 42 Abbildungen — 31 Tabellen — kl. 8°
etwa 8,—M
Bestell-Nr. 761898 3 (7152)

Im zweiten Teil der vorliegenden Veröffentlichung wird auf die wichtigsten temperaturbeständigen Faserstoffe auf der Basis anorganischer Polymerer eingegangen. Es werden Fragen zur Struktur der chemischen und physikalischen Eigenschaften abgehandelt. Besonderer Wert wurde sowohl auf die Labordarstellung als auch auf die technische Synthese und die vielfältigen Einsatzmöglichkeiten gelegt.

Ihr Buchhändler hält alle Wissenschaftlichen Taschenbücher für Sie bereit!

AKADEMIE-VERLAG BERLIN

Der Autor

- **behandelt den Zusammenhang zwischen chemischer Struktur und thermischer Beständigkeit**

- **gibt eine allgemeine Definition und wichtige Prüfmethoden für temperaturbeständige Faserstoffe an**

- **beschreibt Synthese, Eigenschaften und Einsatzmöglichkeiten**

WISSENSCHAFTLICHE TASCHENBÜCHER

FSC
www.fsc.org
MIX
Papier | Fördert gute Waldnutzung
FSC® C083411

Zeitfracht Medien GmbH
Ferdinand-Jühlke-Straße 7
99095 Erfurt, Deutschland
produktsicherheit@kolibri360.de